小分子幻化大世界

——化学助力美好生活

南京大学化学化工学院 编著

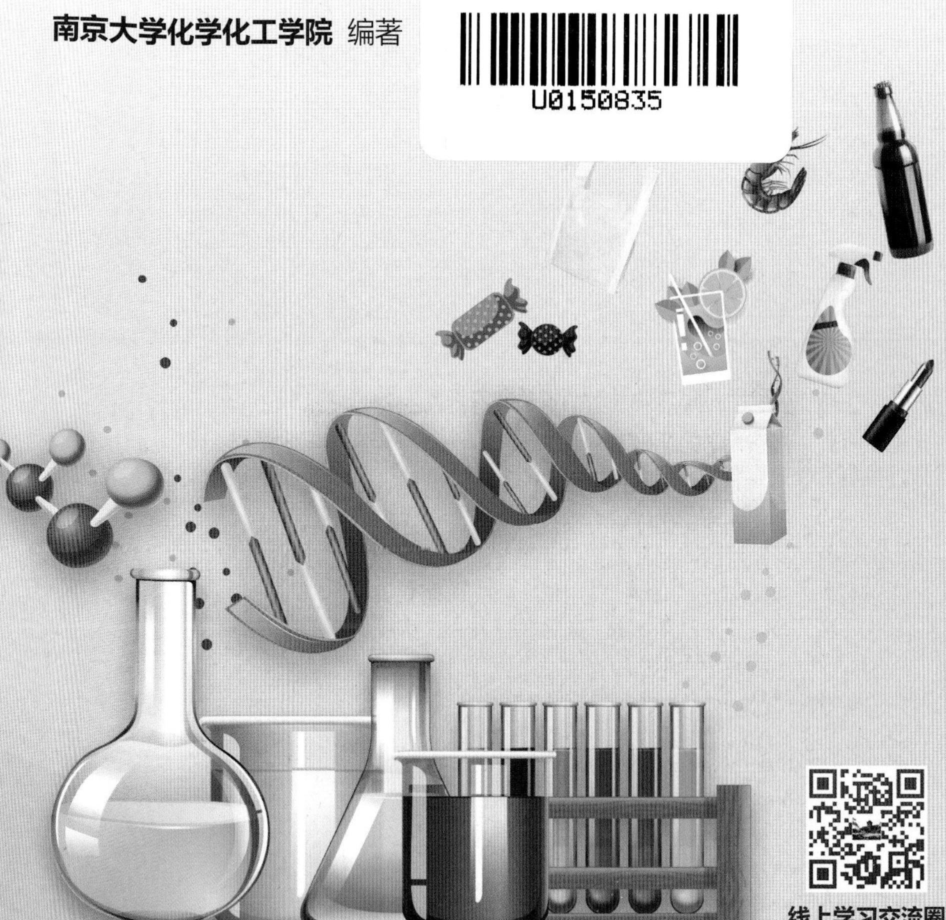

南京大学出版社

图书在版编目（CIP）数据

小分子幻化大世界：化学助力美好生活 / 南京大学化学化工学院编著 . -- 南京：南京大学出版社，2020.9
ISBN 978-7-305-23786-7

Ⅰ . ①小… Ⅱ . ①南… Ⅲ . ①化学—普及读物 Ⅳ . ① O6-49

中国版本图书馆 CIP 数据核字 (2020) 第 169586 号

出版发行 南京大学出版社
社　　址 南京市汉口路 22 号　　邮　编 210093
出 版 人 金鑫荣

书　　名 小分子幻化大世界——化学助力美好生活

编　　著 南京大学化学化工学院
责任编辑 甄海龙　　编辑热线 025-83596997

照　　排 南京开卷文化传媒有限公司
印　　刷 南京凯德印刷有限公司
开　　本 880×1230 1/32　印张 4.5　字数 160 千
版　　次 2020 年 9 月第 1 版　2020 年 9 月第 1 次印刷
ISBN 978-7-305-23786-7
定　　价 24.00 元

网　　址：http://www.njupco.com
官方微博：http://weibo.com/njupco
微信服务号：njuyuexue
销售咨询热线：（025）83594756

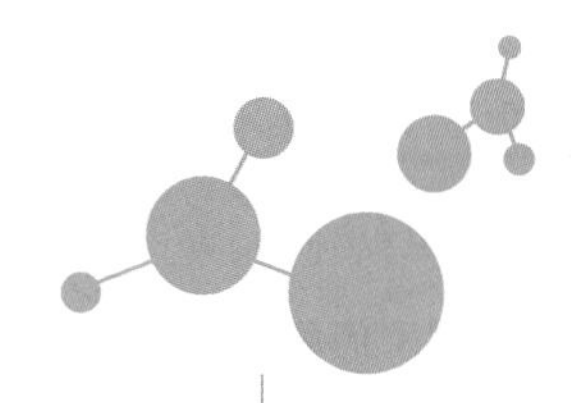

序

“学好数理化，走遍天下都不怕”，曾经是我们这一代人挂在嘴边的一句话，我也为选择了化学作为终身的职业而倍感骄傲和自豪。但是，不知何时开始，化学却和污染、爆炸、毒害画上了等号，似乎化学品就是不健康、不环保、不安全的代名词，化学和化工，都被严重地妖魔化了。

其实，化学和化学品与我们的生活息息相关，可以说是无处不在，从天上飞的、地上跑的、手里拿的到我们日常生活的衣食住行，随处可寻化学品，处处蕴含着化学的知识，化学不仅深刻地影响着我们现在以及未来的社会和生活，也极大地推动了人类社会的发展。

由小分子组成的化学世界充满了奇妙的变幻，构成了人类赖以生活的重要组成部分。为了让青少年及普通民众科学地认识、正确地看待化学及化学品，南京大学化学化工学院一帮在实验室工作的工程师们，从日常生活出发，围绕着衣食住行等多个方面，深入浅出地介绍了我们身边的化学品和化学，其中有化学常识的介绍，如：食品界的魔法师——食品添加剂，“嘻唰唰、洗刷刷”离不了的洗化用品，舌尖上的化学介绍了食物的酸甜苦辣和食品中的微量、常量元素，通过化学万花筒认识多彩斑斓的化学世界；更多的是从专业的角度，介绍化学的知识，教会大家认清化学成分、避免化学伤害，例如：物质的酸碱性、氧化还原性，如何避免食品的化学污染，使用化妆品应当注意的问题，接触和使用危险化学品的安全事项，等等。

这是一本普及基础化学知识、学会化学防护、介绍安全健康知识的科普书。这一愿望与江苏省工程师学会推行的科普活动不谋而合，最终促成了这本书的诞生。

编著者希望通过通俗的文字、形象的图案普及化学知识，让人们认识化学在现代生活中承担的重要角色，并且掌握科学的方法、正确地对待化学品可能带来的危害，从而消除人们看化学的“有色眼镜”，让化学助力人们美好的生活。

潘　毅

江苏省工程师学会

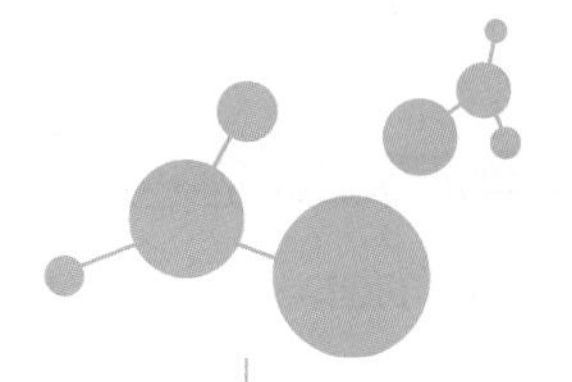

前言

化学是一门古老的学科，从古代的炼丹术中可以窥见其端倪，我国四大发明的造纸术和火药里也蕴含了化学反应。化学改变了世界发展的进程和人类的生活。

我国女科学家屠呦呦成功提取到了一种分子式为 $C_{15}H_{22}O_5$ 的无色结晶体（图 1），将其命名为青蒿素，其可用于治疗疟疾，挽救了全球特别是发展中国家数百万人的生命，她也因此成为首获科学类诺贝尔奖的中国人。

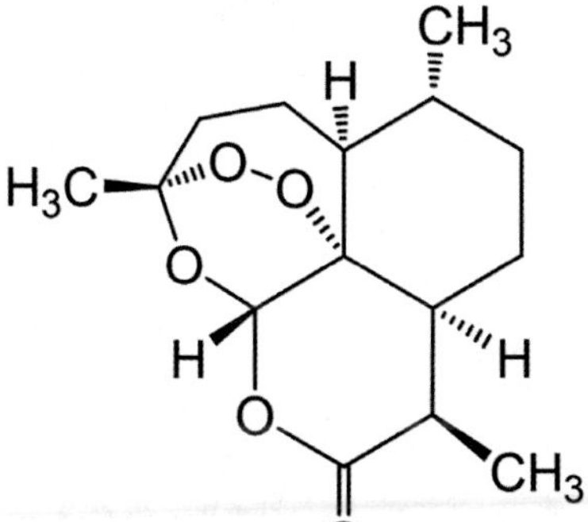

图 1　青蒿素分子式

材料领域中一枝独秀的高分子材料，在当今社会中扮演着越来越重要的角色，形形色色的人造纤维、人造树脂、塑料成为人们生活中不可或缺的一部分。这一切的变化都是聚丙烯工业的发展所带来的，而对聚丙烯工业起了巨大推动作用的是一个小小的催化剂。以发现者名字命名的齐格勒－纳塔催化剂（$TiCl_4$–$Al(C_2H_5)_3$）是高分子合成化学的历史性突破（1963 年获得诺贝尔化学奖）。齐格勒－纳塔催化剂的出现使得很多塑料的生产不再需要高压条件，降低了生产成本，并且使得人们可以对产物结构与性质进行控制。貌似简单的小分子，却改变了苛刻的反应条件，加快了反应速度，推动了一个产业的迅猛发展。

化学又是一门基础学科，是现代许多学科的基础（图 2）。在化学的基础上衍生出的新兴学科，更深入地揭示了世界的奥秘，解决了人类面对的更多问题，也使化学这门古老的学科焕发出勃勃生机。

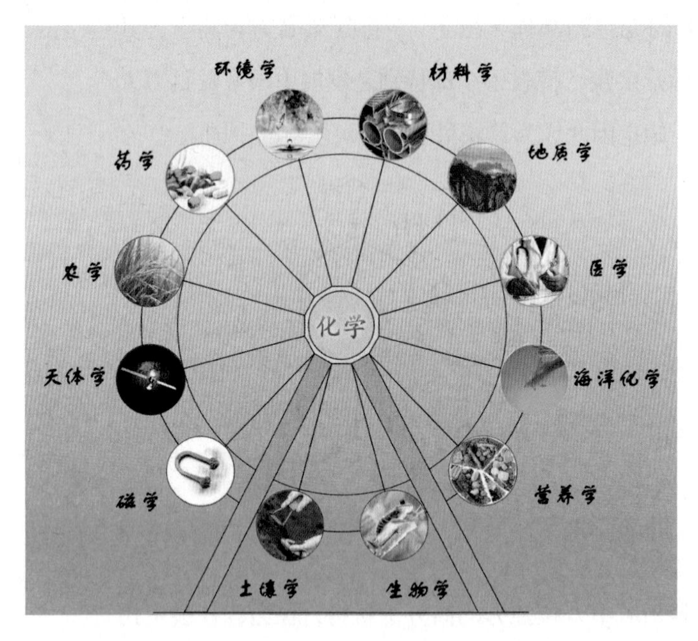

图 2　化学与其他学科

我们生活在化学元素组成的物质世界中，世界上所有物质都是由 112 种化学元素组成的（图 3）。自然界天然存在的化学元素有 92 种，通过

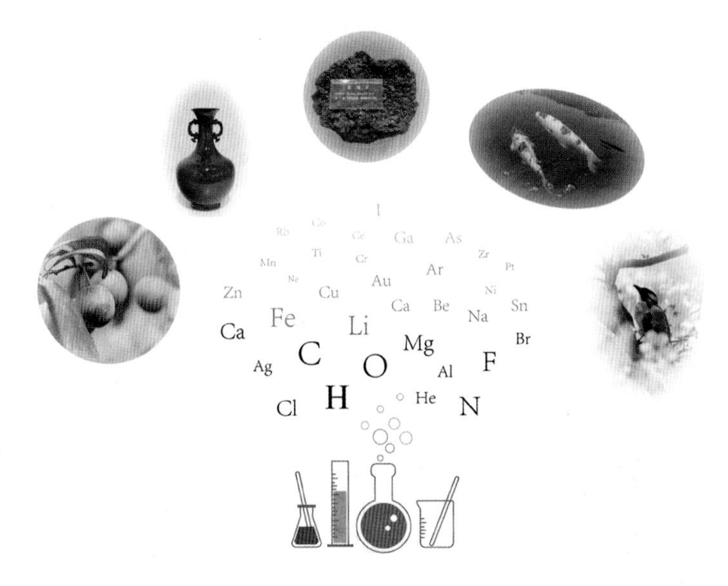

图 3　化学元素构成美好世界

核反应人工制造的有 9 种。人体也是由元素组成的，正常健康的人体内已发现 81 种化学元素，人体必需的常量元素有 11 种，约占人体总重量的 99.95%，其余微量元素共占约 0.05%。

我们生活在化学品的世界里，放眼望去，生活中衣食住行都离不开化学品。化学产品改变了世界，与人们的生活息息相关，使人类的生活更加美好。但是不可回避的事实是，化学品特别是危险化学品，具有一定的污染性、毒害性以及易燃易爆的危险性，它像一把双刃剑，可为人类生活增光添色，但使用不当，则可能伤害无辜。在生活中如何健康安全地使用化学品，科学地认识、正确地处理身边的化学问题，是大众亟需了解和掌握的。

生活化学安全签到墙

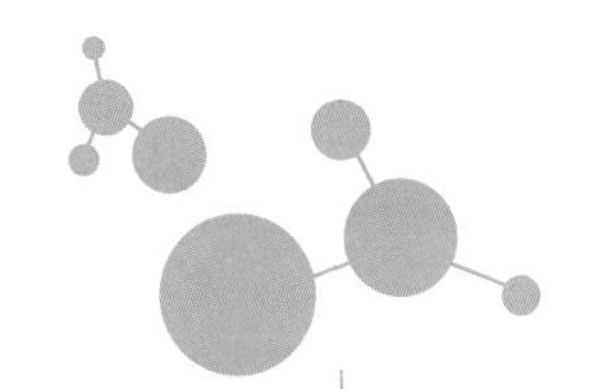

目录

主题一　化学品天天见……………………………001

01.01　食盐 ……………………………………………002
01.02　小苏打……………………………………………003
01.03　明矾 ……………………………………………004
01.04　干冰——制冷剂…………………………………005
01.05　酒精——易燃品…………………………………006
01.06　醋酸——弱酸……………………………………007
01.07　尿素——弱碱……………………………………008
01.08　洁厕灵——强酸…………………………………009
01.09　管道疏通剂——强碱……………………………010
01.10　煤气 / 天然气——易燃易爆品…………………011
01.11　甲醛——有毒物质………………………………012
01.12　硼砂——有毒物质………………………………013
01.13　香蕉水 / 天那水——有毒的易燃易爆品……014

主题二　舌尖上的化学……………………………015

02.01　食之味：酸甜苦辣咸……………………………016
02.02　常量元素…………………………………………019
02.03　微量元素…………………………………………022

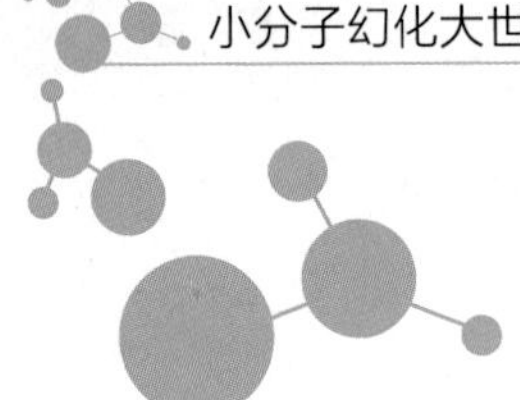

目录

主题三　诱人的食品添加剂——化学魔法师…………026

03.01　什么是食品添加剂？……………………………027
03.02　有哪些食品添加剂？……………………………028
03.03　正确看待食品添加剂……………………………036

主题四　食品安全卫士——避免食品的化学污染……037

04.01　外带的化学污染……………………………………038
04.02　加工过程产生的化学污染…………………………040
04.03　食品器具引起的化学污染…………………………043

主题五　美妆知多少……………………………………048

05.01　教你看懂护肤品成分表……………………………049
05.02　洁 面 ………………………………………………051
05.03　保 湿 ………………………………………………052
05.04　防 晒 ………………………………………………053
05.05　美 白 ………………………………………………055
05.06　祛 痘 ………………………………………………056
05.07　谈“素”色变……………………………………057

05.08 指甲油美丽色彩下的安全隐患……………058
05.09 长期涂口红不等于美丽……………………059
05.10 染发剂………………………………………060

主题六 洗洗涮涮——日化用品介绍………………062

06.01 消毒剂怎么用?………………………………063
06.02 怎么解除蚊虫困扰?…………………………067
06.03 家用洗涤剂……………………………………072

主题七 云想衣裳…………………………………075

07.01 服装材料………………………………………076
07.02 染料的功与过…………………………………080

主题八 小电池大学问——电动自行车和汽车用电池里的化学及挑战…………………………………083

08.01 普通日用电池知多少?………………………084
08.02 电动自行车和汽车用电池的化学知识及挑战……087
08.03 电池缺点和危害概说…………………………092

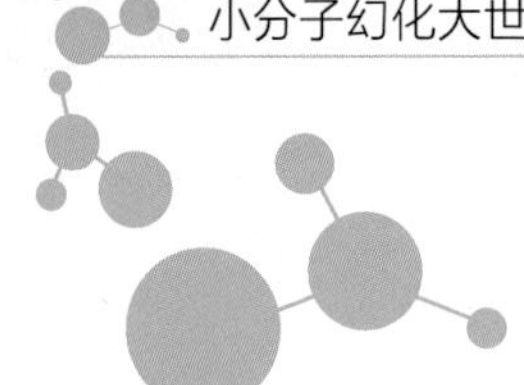

目录

主题九 化学万花筒……………………………094

09.01 火锅店里的安全问题……………………………095

09.02 防火好帮手——阻燃材料……………………096

09.03 面粉会爆炸吗？ ………………………………097

09.04 铅笔芯会铅中毒，这是真的吗？ ……………098

09.05 蓝光眼镜为什么可以防蓝光？ ………………099

09.06 暖心暖体的暖宝宝………………………………100

09.07 生物体的化学反应——发酵……………………102

09.08 处方药与养生保健产品区别在哪儿？ ………103

09.09 地铁进站和飞机登机安全检查哪些危险物品？ ……………………………………………………105

09.10 交通工具的动力来源——汽油、煤油、柴油……106

主题十 化学（品），你好！——危险化学品及安全知识介绍………………………………………………108

10.01 什么是危险化学品？ …………………………109

10.02 危险化学品的标志………………………………111

10.03 什么是管控化学品？ …………………………112

10.04 拥抱化学知识，降魔伏妖，造福人类………113
10.05 容易被忽视的常见危险化学品有哪些？……116
10.06 报火警，你会吗？……………………………119
10.07 认识灭火器及灭火小常识……………………120
10.08 随意丢弃化学品违法吗？……………………122
10.09 向天津港爆炸援救的消防队员致敬…………123
10.10 煤气罐失火怎么救，是先关阀门还是先救火？
…………………………………………………124
10.11 做好个人防护，确保人身安全………………125

特色主题 古诗词里的化学……………………………127

主题一

化学品天天见

化学品只是存在于化工厂和安全事故新闻中吗？“珍爱生命，远离化学品”靠谱吗？NO，NO，绝对不是这样。我们的日常生活用品中就包含大量性质各异的化学品，离开它们也就离开了便利的现代生活。了解它们的特性和正确用法，方能安全、安心地享受化学品带来的美好。

01/01

食盐

图 1.1　食盐

氯化钠 NaCl
碘酸钾 KIO_3（碘盐）　氯化钾 KCl（低钠盐）

食物调味 / 浸泡瓜果蔬菜 / 调节面食发酵过程 / 浸泡新衣固色

使用时应避开强氧化剂，例如高锰酸钾、次氯酸钠等消毒剂，这些物质可能将氯离子氧化为有毒的氯气。

长期食用高盐食品易引发高血压，每天用量应小于 6 g，约一元硬币上铺满一层的量。

低钠盐可能引起高血钾症，不适合肾功能不全或使用某些降压药的患者。

小苏打

图 1.2 小苏打

碳酸氢钠 $NaHCO_3$

面食发酵膨松剂 / 家庭清洁（溶解油脂）
治疗胃酸过多

- 使用时应避开酸类物质，例如洁厕灵、醋等，酸碱中和使用会使小苏打失效；它受热易分解，受潮易潮解，应储存在避光干燥处；遇酸或受热均生成二氧化碳，若在密闭罐中有爆炸风险。
- 用于发酵时会生成碳酸钠留在面食中，如用量过多会产生碱味。
- 医疗用途必须遵医嘱。

01/03

明矾

图 1.3 明矾

十二水合硫酸铝钾 $KAl(SO_4)_2 \cdot 12H_2O$

净水剂 / 面食膨松剂（含铝泡打粉）

明矾含铝，进入人体后逐渐累积不易排出，有神经毒性，会导致痴呆症状，在骨骼中导致钙流失。

由于目前净水剂和膨松剂都有更安全的替代品，因此家用时不宜选择明矾。

小帖士：备受大众欢迎的美食油条，由于可能添加明矾，而被列为非健康油炸食品。

干冰——制冷剂

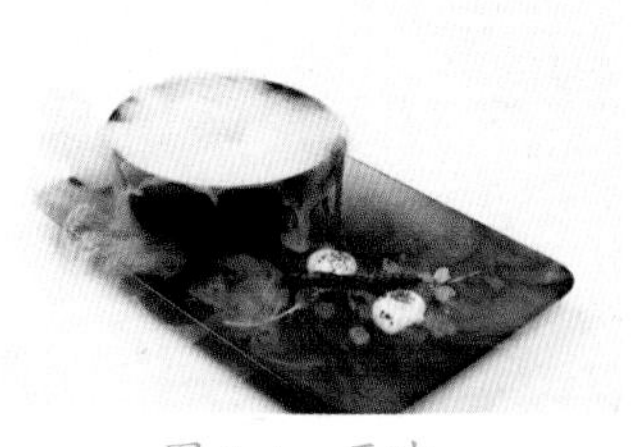

图 1.4 干冰

固态二氧化碳 CO_2

速冻食品快递运输用

舞台、展示区、菜肴摆盘时制造烟雾效果

- 皮肤接触会冻伤，吸入大量二氧化碳会引起缺氧。
- 干冰气化时烟雾明显，并且因比空气重而沉降。应保持口鼻位置高于烟雾；避免吸入，同时要辨清干冰摆放位置避免触碰冻伤。
- 速冻食品快递盒应在通风处打开，若有干冰需戴防冻手套触碰，不可凑近口鼻。

01/05

酒精——易燃品

图 1.5　酒精

乙醇 CH_3CH_2OH

酒、酒酿 / 花露水、驱蚊液 / 香水、护肤品
空气清新剂 / 藿香正气水 / 消毒凝胶

- 易燃，易爆，过量食用、吸入和接触会造成酒精中毒。
- 少量储存，通风避光，避免儿童接触。用于消毒时应以擦拭替代喷洒。
- 大量涂抹会经皮肤吸收中毒，发烧时用大量酒精擦浴降温不可取。

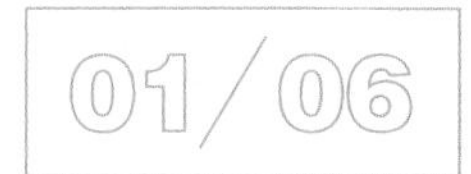

醋酸——弱酸

图 1.6 醋酸

乙酸 CH_3COOH

醋精 >10% 食用醋 3%–5%

醋类饮品 <1%

调味 / 抑菌储存食物 / 古代治疗皮肤感染

- 高浓度醋精（>25%）有刺激性和腐蚀性，应稀释使用；易挥发，宜密封存储。
- 抑菌作用主要用于食品加工，不适合家用杀菌消毒。家用消毒剂详见章节 6.1。
- 医疗用途已有更规范的替代品，建议遵医嘱用药。

01/07

尿素——弱碱

图 1.7　尿素

碳酰胺 $CO(NH_2)_2$

急救制冷包 / 园艺肥料 / 药物 / 护肤品保湿成分 / 柴油车尾气处理

✅ 除非尿素是医嘱药物，作为其他用途时应避免入眼 / 口，避免皮肤接触大量或高浓度产品。

✅ 通风避光储存，避开氧化剂（漂白剂、双氧水、84 等）和强酸（洁厕灵等）。

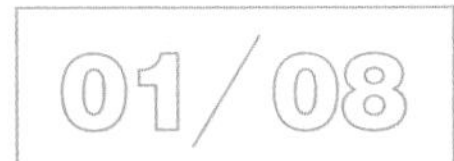

洁厕灵——强酸

盐酸 HCl　表面活性剂

卫生间清洁

图 1.8　洁厕灵

人类排泄废物中的尿素等物质在卫生间里会发酵生成刺激性气味的氨（NH_3），洁厕灵中的盐酸与氨反应生成氯化铵（NH_4Cl）盐，从而去除异味。同时盐酸和表面活性剂还可以灭菌和去污。

具有强刺激性和强腐蚀性，使用时应通风、戴好手套，避免喷溅入眼。

避免与 84 消毒剂和碱性物品（管道疏通剂、洗衣粉、肥皂）混用。如果部分洁厕产品为 84 消毒剂或强碱性洗涤剂，则不可与酸性洁厕灵混合，因此在使用前务必查看标签上的有效成分。

01/09

管道疏通剂——强碱

氢氧化钠 NaOH　氨水 NH_4OH　表面活性剂

下水道清洁疏通

图 1.9　管道疏通剂

其强碱成分可溶解油脂，腐蚀松解头发、厨余残渣等；表面活性剂辅助去污。

强腐蚀性、强刺激性，使用时应戴手套，避免喷溅入眼。

与酸性物品混合时失效，避开洁厕灵、碳酸饮料、醋等。

01/10

煤气/天然气——易燃易爆品

图 1.10 煤气(天然气)

甲烷 CH_4 硫化氢 H_2S

燃气灶燃料

无味易燃的甲烷（CH_4）完全燃烧可达到 1 000℃以上的温度。为便于及时发现煤气泄漏，会加入少量有特殊刺激气味的硫化氢（H_2S）。

使用泄漏报警器，在煤气泄漏时会报警；用肥皂水涂抹在疑似泄漏处检查，如果肥皂水鼓起泡沫，则表明有泄漏。

万一泄露，衣服静电、开关电火花极易引爆气体。当闻到气味或听到警报时应立即通风，避免点火、按开关或衣物摩擦等动作，迅速撤离并通知邻居。

缺氧时的不完全燃烧会产生一氧化碳（CO）气体，并与人体中的血红蛋白结合，造成急性中毒。因此，使用煤气或天然气时应开启抽油烟机或通风，保证氧气供应充足。

01/11

甲醛——有毒物质

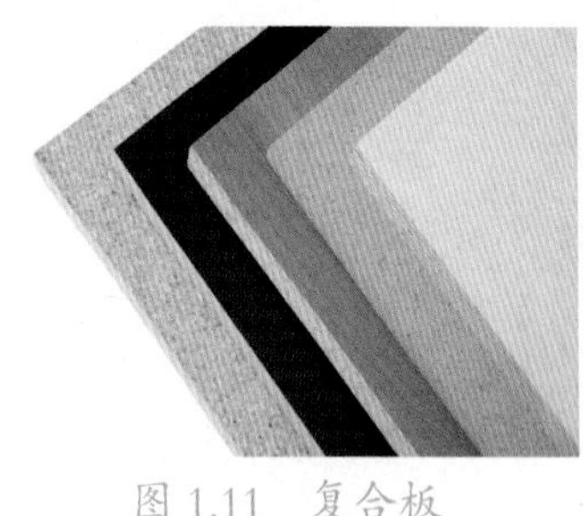
图 1.11　复合板

甲醛 CH_2O

家装：胶粘剂、腻子、乳胶漆、板材、家具
纺织：纺织品、纸尿裤
燃烧废气：汽车、香烟
违规食品添加（防腐）

少量的甲醛会刺激人的眼睛和呼吸道，长期大量接触才有致癌等风险。甲醛超标物品多散发刺鼻的福尔马林气味，应注意规避和通风。

接触甲醛不可避免，关键在于控制接触量，家装材料、婴儿纺织品等商品有国家或行业标准，应购买甲醛含量低于限值的合规产品。

纺织品中使用甲醛有防皱、防缩、阻燃、防霉、防蛀效果，并增强印花、染色的耐久性。纺织品中的甲醛易溶于水，清水浸泡清洗可去除，新衣服、纺织品水洗晾晒后使用即可。

对付家装材料中的甲醛，通风是简单易行的方法，可自然通风或使用大功率风扇加强通风。由于家装用品中的甲醛不断释放，需长期通风方可去除。

01/12

硼砂——有毒物质

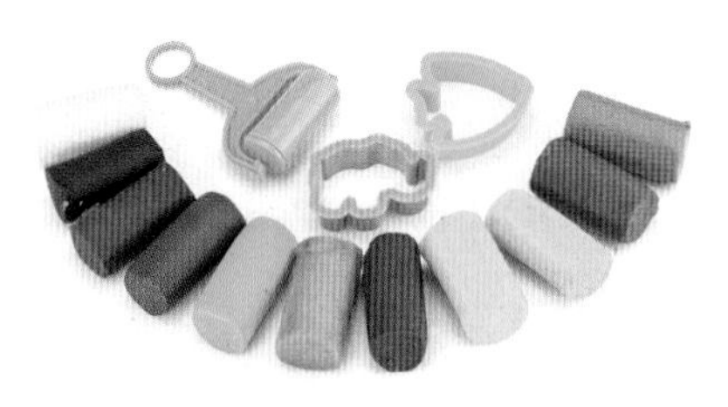

图 1.12 玩具

四硼酸钠 $Na_2B_4O_7$

粘土、彩泥等玩具 / 去污剂、杀虫剂

外用抑菌药 / 中药 / 违规食品添加剂

- 皮肤黏膜或伤口接触、误食均有毒。
- 粘土彩泥应购买硼含量较低的合格产品。婴幼儿玩耍时会不经意用手接触身体其他部位，因此玩粘土、水晶泥类玩具时必须由成人严格看护，结束后用流水洗净残渣。
- 使用纯硼砂时应戴好手套、口罩、眼镜，避免接触、吸入、入眼。
- 使用含硼药物遵医嘱，用法用量控制在安全范围内。

01/13

香蕉水 / 天那水——有毒的易燃易爆品

图 1.13 香蕉水

乙酸戊酯 $CH_3COOC_5H_{11}$ 甲苯 C_7H_8
醇醚酮类有机溶剂

油漆稀释剂 / 油漆胶印清洗剂

各种有机溶剂都有不同程度的毒性，使用时需在通风处并戴活性炭口罩，大量使用时最好戴耐油手套、防毒面具和护目镜。

甲苯毒性强不宜选用，有部分无苯配方香蕉水/天那水，可优先选择，但使用时仍需做好防护。

具有易燃易爆的特性，即买即用，不宜存储。放置在远离热源和静电处，远离氧化性物品（漂白剂、消毒剂等）。

主题二

舌尖上的化学

日常生活中的食物与化学有着紧密联系，从酸、甜、苦、辣、咸中可以了解一些化学基本常识，让我们的生活更美好；常量元素和微量元素的介绍可以让人们知道如何饮食更加健康。

02/01

食之味：酸甜苦辣咸

2.1.1 酸

食物中的有机酸、无机酸和酸性盐产生的氢离子（H^+）刺激舌黏膜引起酸味。适当的酸味能给人以酸爽的感觉，并增进食欲。酸味强度与酸性强弱不呈正比关系，酸味物质的阴离子对酸味强度有影响。含天然酸味的食物主要是水果，这些清新的酸味正是由水果中特有的有机酸带来的，有机酸对调节体液平衡有重要作用。维生素 C 也有淡淡的酸味，而且维生素 C 在酸性的环境中更加稳定，因此许多富含维生素 C 的水果都有酸味。食物中常见的酸味物质有：食醋、柠檬酸、苹果酸、酒石酸、乳酸、葡萄糖酸、磷酸等。

图 2.1　柠檬

2.1.2 甜

食物中的甜味由糖类、一些醇类、一些氨基酸等提供，这些比较简单的碳水化合物是最清洁、最直接的能量来源。其中氨基酸是合成蛋白质的重要组成部分，对人体生长发育有重要作用。糖类是人体的营养素之一，也是能量的来源，人体进行呼吸、血液循环、肢体运动及体温保持等都少不了糖；糖也有不利的一面，摄入量多时，易导致心血管疾病、肥胖症、糖尿病等。

图 2.2 糕点

2.1.3 苦

图 2.3 苦瓜

苦涩食物的味道多数是由食物中的生物碱产生的，以多酚类物质居多。苦味能起到提高和恢复味觉正常功能的作用，俗话讲“良药苦口”，说明苦味物质对治疗疾病方面也有着重要作用。近年来的研究发现，这类物质是强抗氧化剂，具有抑制冠心病、动脉粥样硬化，消除自由基、抗癌抗炎症等作用。

2.1.4 辣

辣味是刺激舌、口腔黏膜、鼻腔黏膜、皮肤、三叉神经引起的一种灼痛的感觉,刺激的部位主要在舌根部的表皮。食物中的辣味一般是由辣椒素或挥发性的硫化物提供的。研究显示，辣椒素具有优秀的镇痛作用，还能提高新陈代谢，起到燃脂、减肥的功效。大蒜、洋葱等食物中的辣味是由挥发性的硫化物产生的，这些硫化物有很强的杀菌消炎作用，可起到预防流感、促进新陈代谢等保健作用。

图 2.4 辣椒

2.1.5 咸

图 2.5 咸鸭蛋

咸味是四种基本味之一，对食品调味十分重要，没有咸味就没有美味佳肴，咸味是中性盐显示出来的味感，氯化钠（NaCl）咸味纯正，对人体具有生理调节作用。一般以氯化钠为参照，其他盐均有副味。天然带咸味的食物一般含有较多的钠离子（Na^+）和钾离子（K^+）。钠离子和钾离子的平衡对于维持身体渗透压和神经的正常工作有重要意义。

02/02

常量元素

人体中含有多种元素。根据含量多少，习惯上分为常量元素和微量元素两大类。常量元素占人体质量的 99.5% 以上，它们是氧（O）、碳（C）、氢（H）、氮（N）、钙（Ca）、磷（P）、硫（S）、钾（K）、钠（Na）、氯（Cl）和镁（Mg），共 11 种。此外，构成人体的元素还有 40 多种，它们的总量不足人体质量的 0.05%，称为人体中的微量元素。我国大多数学者认为，成人体内总含量低于铁（Fe）的元素称为微量元素，即铁（Fe）、锌（Zn）、铜（Cu）、锰（Mn）、硒（Se）、碘（I）等。微量元素，作用并不微小，当缺乏或过多时都会影响人体正常的生命活动。

2.2.1 钙

钙是人体内最重要的、含量最多的矿物元素，约占体重的 2%，广泛分布于全身各组织器官中。钙缺乏主要影响骨骼的发育和结构。临床症状表现为婴幼儿的佝偻病和成年人的骨质软化症及骨质疏松症。钙是无毒的

图 2.6 牛奶

元素，但过量摄入将导致高的血清钙，从而导致消化系统、血清系统及泌尿系统的疾病。

含钙元素的食物：牛奶含钙最多，其他含钙的食物有蛋类，豆类及豆制品、花生、芝麻酱、虾皮、海带、山楂、榛子仁、各种瓜子、马铃薯、绿叶蔬菜等。

2.2.2 磷

图 2.7 虾

磷是骨骼和牙齿的重要组成部分，促成骨骼和牙齿的钙化不可缺少的营养素，可保持体内 ATP 代谢的平衡，在调节能量代谢过程中发挥重要作用；也是组成核苷酸的基本成分，而核苷酸是生命中传递信息和调控细胞代谢的重要物质。人类的食物中有很丰富的磷，故人类营养性的磷缺乏是少见的。磷摄入或吸收不足可能出现低磷血症，引起红细胞、白细胞、血小板的异常和软骨病；因疾病或过多摄入磷，将导致高磷血症，使血液中血钙降低，导致骨质疏松。

含磷元素的食物：大豆、酵母、谷类、花生、李子、葡萄、南瓜子、虾、鸡、栗子、大豆等，蛋黄含磷高。

2.2.3 镁

镁是构成人体骨骼的重要成分。正常成人体内镁的总量约为 25 克，其中 60% ~ 65% 存在于骨骼及牙齿中，27% 分布于软组织中。镁在骨组织中位于羟基磷灰石结晶的表面，对维持骨细胞结构、功能完整和维护其他重要生理功能有重要作用。如镁缺失，则骨骼将失去羟基磷灰石结晶结构从而导致骨质疏松。

图 2.8 寿司

镁元素作为辅酶因子参与人体 300 多种酶促反应，对葡萄糖酵解，脂肪、蛋白质、核酸的生物合成及能量代谢等起重要调节作用。镁是人体细胞内的主要阳离子，也是介入电解质平衡的重要阳离子。体液中的游离镁对维持神经、肌肉兴奋性有重要作用。

含镁元素的食物：谷类有荞麦、小麦、玉米、高粱等；豆类有黄豆、黑豆、蚕豆、豌豆、豇豆等，豆腐皮含镁多； 蔬菜水果有雪里红、冬菜、芥菜、芥蓝、干辣椒、干蘑菇、冬菇、紫菜、洋桃、桂圆、花生、虾米、芝麻酱等。紫菜含镁最多，每 100 克中含 460 毫克。

微量元素

表 2.1　常见微量元素介绍

序号	名称	作用	失调的危害	食物补充
1	碘（I）	碘是构成人体的微量元素。碘在人体内的含量为 20 mg ~ 50 mg，其中三分之二集中在甲状腺内，其余分布在血清、肌肉、肾上腺、卵巢中；碘是甲状腺的主要成分。甲状腺所分泌的甲状腺素是一种激素，它能显著地增强机体内能量代谢和蛋白质、糖类、脂肪的合成与分解，促进生长发育。	人体内缺乏碘，就会引起甲状腺增生、结节和隆起，患甲状腺肿。	含碘的食物：有海带、紫菜、鳝鱼、黄豆、红豆、绿豆、虾米、红枣、花生米、豆油、乌贼鱼、豆芽、豆腐干、百叶、菜油、鸭蛋等。从这些食物中可以得到人体所需要的碘。

序号	名称	作用	失调的危害	食物补充
2	铁（Fe）	铁是构成血红蛋白、肌红蛋白的必要成分，也是许多酶的生物活性部分。铁是血红蛋白和肌红蛋白中氧的携带者，每个单位的血红素都有一个铁原子。没有铁就不能合成血红蛋白，氧就无法输送，组织细胞就不能进行新陈代谢，生命就无法存活。	人缺铁时，血红蛋白减少，面色苍白，极易疲劳。同时，缺铁时肌肉中某些酶水平降低，使细胞利用氧产生能量的能力下降。缺铁亦可引起腹泻。据估计世界上有15%~20%的人存在缺铁现象，尤以妊娠期、哺乳期妇女和发育期青少年多见。摄入过量的铁将产生慢性或急性铁中毒，慢性中度症状为：肝脏含有大量的铁将导致肝硬化、胰腺纤维化等。急性铁中毒使胃肠道上皮发生严重而广泛的坏死，最终导致死亡。	含铁较多的食物为蛋黄、动物肝、肾、谷类、豆类及绿色蔬菜、海带、木耳等。动物性食品中的铁较易吸收，吸收率可达20%，植物性食品因含植物酸而影响铁的吸收，吸收率一般在5%左右。膳食中的蛋白质和维生素C能提高铁的吸收率。
3	锌（Zn）	锌参与DNA的合成，到1983年为止，发现的锌酶已超过200种，它们参与多种代谢过程，包括糖类、脂类、蛋白质及核酸的合成与降解。锌在酶中主要起活性中心作用（例如羧肽酶A中的Zn^{2+}）和稳定蛋白质结构作用（例如胰岛素分子中的Zn^{2+}）。锌能影响细胞分裂、生长和再生，对婴儿、儿童、青少年有更重要的营养价值。	缺锌可引起生长发育停滞、智力低下、食欲减退、创口愈合缓慢等。但锌摄入过多可出现恶心、呕吐、腹泻等消化道症状。	动物性食品是锌的可靠来源，其次是豆类和小麦。

序号	名称	作用	失调的危害	食物补充
4	硒（Se）	能够加强对细胞膜的保护，避免自由基的侵害，促使红细胞和白细胞正常功能的发挥；能够抑制致癌物的活性，防止癌细胞的分裂与生成，适量服用还能够减轻癌症患者化疗的痛苦。可抵抗衰老，维护青春。	缺硒会诱发肝坏死和心血管疾病。人轻度或中度缺硒，征兆和症状不明显。摄入过量的硒将引起硒中毒，其症状为：胃肠障碍、腹水、贫血、毛发脱落、指甲及皮肤变形、肝脏受损。	含硒元素的食物动物的肝、肾、心、海产品、蘑菇、洋葱、大蒜、果仁类食品（花生、核桃、葵花子、栗子等）、麻栎等硒含量丰富。
5	铜（Cu）	是胶原的重要组成部分，促进骨骼、皮肤以及结缔组织的形成；增强人体对铁和酪氨酸的吸收，帮助血红素的合成，维护皮肤和头发的健康。	缺铜时，铁的利用率降低，红细胞成熟受阻，以及骨质脆性增加等。但摄入过量会引起肝脏损害。	含铜类食物：动物肝脏、肉类（尤其是家禽的肉）、水果汁、硬壳果、番茄、青豌豆、马铃薯、贝类、紫菜、可可、巧克力等都富含铜。
6	钒（V）	钒在人体内的含量极低，体内总量不足1毫克，主要分布于内脏，尤其是肝、肾、甲状腺等部位，骨组织中含量也较高。钒在胃肠吸收率仅为5%，其吸收部位主要在上消化道。血液中约95%的钒以离子状态与转铁蛋白结合而输送，因此钒和铁在人体内可互相影响。	钒缺乏引起生长抑制，生殖机能衰弱，甲状腺重量与体重的比率增加以及血浆甲状腺激素浓度的变化。	含钒元素的食物：大豆、沙丁鱼、芝麻、牛奶、鸡蛋、菠菜、贝类等。

序号	名称	作用	失调的危害	食物补充
7	锰（Mn）	锰关系糖分和脂肪代谢酶的活化，可维持糖分和脂质正常代谢，有利于甘油三酯和胆固醇在体内的转化、输送及排出。此外，锰还与某种抗氧化酶的合成有关，可以抑制自由基产生，防止脂质过氧化物在体内沉积。锰对大脑功能和内分泌都有很大影响。同时也对许多神经性疾病具有一定的改善效果。	缺锰会导致运动神经失调，手脚发生抽搐现象；中枢神经系统受损，影响大脑功能的发挥；脂肪和糖类代谢出现异常等，易患上骨质疏松症、心脑血管疾病、不孕症、高胆固醇症等多种疾病。	含锰元素的食物：茶叶含锰最多。其他含锰的食品有大米、小米、面粉等；薯豆类中有大豆及豆制品、绿豆、豌豆、红薯；水果中有苹果、橘子、杏、梨等；蔬菜中有菠菜、大白菜、芹菜、菜花、胡萝卜、西红柿、雪里红、圆白菜等。
8	钼（Mo）	钼维持心肌能量代谢：钼是心肌中几种酶的成分，对于心肌能量供应有重要作用。促进碳水化合物和脂肪的代谢，有助于人体的生长发育；合成醛氧化酶、亚硫酸氧化酶等多种酶，可有效清除体内的自由基，解除有害酶的毒性。	钼失调对人体的危害：缺乏时可使体内的能量（能量食品）代谢过程受到障碍，致使心肌缺氧而出现灶性坏死，易发生肾结石和尿道结石等；痛风样综合征，关节痛及畸形、肾脏受损，生长发育迟缓、体重下降、毛发脱落、动脉硬化、结缔组织变性及皮肤病等。	含钼元素的食物：芝麻、小麦、菠菜、贝类、糙米等。

主题三

诱人的食品添加剂
——化学魔法师

食品添加剂是指为改善食品品质和色，香，味以及为防腐和加工工艺的需要而加入食品中的化学合成或者天然物质。当人类的食品进入工业化生产时代之后，除了极少数的天然野生食品外，几乎没有什么是不含添加成分的。目前，近97%的食品中使用了各类添加剂。可以说，食品添加剂已成为现代食品工业生产中不可缺少的物质。

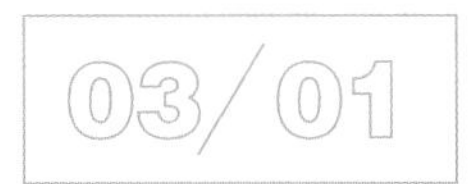

什么是食品添加剂?

为了改善食品品质、色、香、味，防腐，保鲜以及加工工艺的需要而加入食品中的人工合成或者天然物质称为食品添加剂。食品添加剂种类很多，只要按照规范进行添加和使用，不仅能有效提高食品的色、香、味，起到保鲜防腐作用，而且对人体也是安全的。

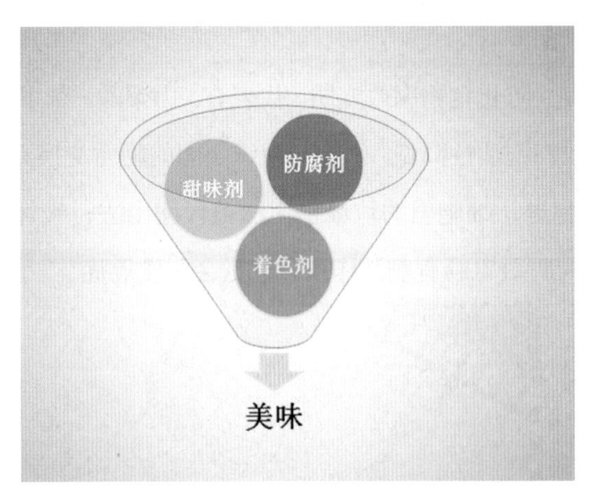

图 3.1 很多美味里都有各种添加剂

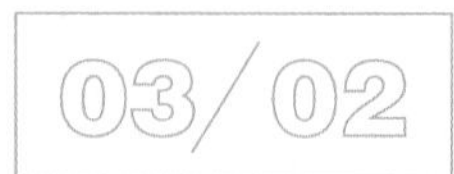

有哪些食品添加剂？

目前我国食品添加剂有23个类别，2 000多种，主要包括：防腐剂、抗氧化剂、发色剂、漂白剂、酸味剂、凝固剂、疏松剂、增稠剂、消泡剂、甜味剂、着色剂、乳化剂、品质改良剂、营养强化剂等。

3.2.1 防腐剂

主要作用是：防止食物腐败变质。代表有：山梨酸、苯甲酸、苯甲酸钾。主要危害：导致细胞活性降低，细胞与组织之间的物质交换无法正常进行，营养进不到细胞里，细胞里的垃圾也无法被代谢出去；破坏食物中维生素和钙的吸收，同时对胃肠有刺激作用，过量会引发癌症。

图3.2　防腐剂（面粉里）

3.2.2 抗氧化剂

常见的抗氧化剂有维生素 A、C、E；类胡萝卜素（虾青素、角黄素、叶黄素、β－胡萝卜素等）；微量元素硒、锌、铜和锰等。主要作用是：防止食品氧化变色。目前，国内外研究的抗氧化剂，主要是天然的、功能性的抗氧化剂。多项研究表明，人体的衰老很大程度上与机体组成物质的氧化变性有关，所以，抗氧化剂的使用既可以防止食品氧化变质，又可以在一定程度上防止人的衰老和某些疾病的产生。

图 3.3 抗氧化剂（番茄里）

3.2.3 着色剂

通过使食品着色改善其感官性状，增进食欲，可分为天然色素和合成色素两类。

图 3.4　着色剂

天然色素：来自天然物质（动植物或微生物代谢产物），缺点是难溶，着色不均，稳定性差；优点是多数为安全的。天然色素有：甜菜红、紫胶红、越桔红、辣椒红、红米红等。

合成色素来源于化学合成。其特点是性质稳定，着色力强，成本低廉，但过量对人体有害。我国允许使用的化学合成色素有：苋菜红、胭脂红、赤藓红、新红、柠檬黄、日落黄、靛蓝、亮蓝等色素。

3.2.4　甜味剂

甜味剂是指赋予食品或饲料以甜味的食品添加剂。按其来源可分为天然甜味剂和人工合成甜味剂。常用的人工合成的甜味剂有糖精钠、甜蜜素、安赛蜜、阿斯巴甜等，相同甜度下，价格比天然的便宜，故应用广泛。

图 3.5　甜味剂

3.2.5　酸味剂

它是以赋予食品酸味为主要目的的食品添加剂，给人爽快的感觉，可增进食欲。酸味剂有一定刺激性，能引起消化功能疾病。部分饮料、糖果等常采用酸味剂来调节和改善香味效果。常用柠檬酸、酒石酸、苹果酸、乳酸等。

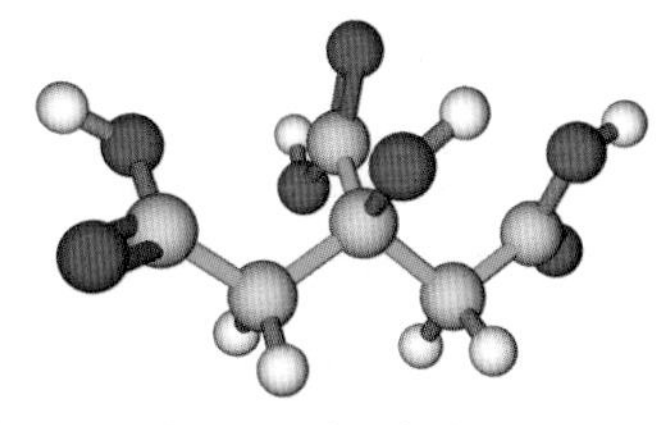
图 3.6 柠檬酸

3.2.6 食用香精

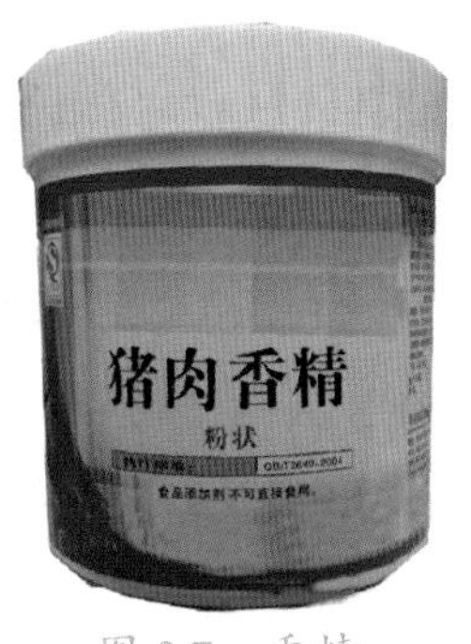

图 3.7 香精

食用香精常用来增加食物的香甜气味从而刺激味觉，人所吃到的味道不代表里面就含有该味道对应的物质。滥用香精会导致孩子对浓烈的味感形成依赖，而对牛奶、蔬菜等清淡、有营养的食品不感兴趣。长此以往，容易导致孩子膳食结构不合理，出现日渐消瘦，不爱吃饭，影响骨骼和大脑发育。

3.2.7 膨松剂

饼干、膨化食品、炸薯条 鸡块等快餐食品中均加入了大量的膨松剂，不利于孩子的发育和身体健康。儿童吃多了膨化食品、油炸食品后，轻则引起“上火”的症状：喉咙肿痛、口腔炎症等，重则降低儿童免疫力，更为严重的则会致癌。

图 3.8 油条

3.2.8 漂白剂

图 3.9 面粉，右 1 为面粉漂白剂添加后的面粉

漂白剂是破坏、抑制食品的发色因素，使其褪色或使食品免于变色的添加剂，分为氧化漂白剂及还原漂白剂两类。氧化漂白剂是通过其本身强烈的氧化作用使着色物质被氧化破坏，从而达到漂白的目的。还原漂白剂大都属于亚硫酸（H_2SO_3）及其盐类，它们通过其所产生的 SO_2 还原作用使果蔬褪色。而氧化漂白剂主要指过氧化苯甲酰等面粉漂白剂，其他实际应用很少。漂白剂除了可改善食品色泽，还有抑制及抗氧化等作用，在食品加工中应用甚广，可广泛应用于食品的保藏，如果蔬干制品和糖制品都要通过熏硫方法处理使其获得很好的保藏性。

3.2.9 发色剂

图 3.10 生肉和添加发色剂的熏肉

发色剂，是能与肉及肉制品中成色物质作用，使之在食品加工、保藏等过程中不致被分解、破坏，并呈现良好色泽的物质。这主要是由亚硝酸盐产生的一氧化氮（NO）与肉类中的肌红蛋白和血红蛋白结合，生成一种具有鲜艳红色的亚硝酸基肌红蛋白

所致。硝酸盐需在食品加工中被细菌还原生成亚硝酸盐后再起作用。亚硝酸盐具有一定毒性，尤其可与胺类物质生成强致癌物亚硝胺，因而人们一直试图开发出某种适当的物质取而代之。亚硝酸盐不仅可以护色，还能抑制以梭状芽孢杆菌为代表的腐败菌的繁殖，从而防止其产生毒素，阻止蛋白质的分解，特别是对于食物中的肉毒梭状芽孢杆菌具有抑制作用，抑制或延缓其产毒。此外，亚硝酸盐还具有增强肉制品风味的作用。迄今为止，尚未见到即能护色又能抑菌，又能增强肉制品风味的替代品。为此，各国都在保证安全和产品质量的前提下，严格控制亚硝酸盐的使用量。

3.2.10 乳化剂

乳化剂就是指添加于食品后可显著降低油水两相界面张力，使互不相溶的油和水形成稳定的乳浊液的食品添加剂。食品乳化剂是表面活性剂的一种，其分子结构的共同特点是分子两端不对称，一端是极性的亲水基，可以拉住水分子，另一端是非极性的疏水基，可以拉住油分子，从而使水和油融为一体。乳化剂按来源可分为天然和人工合成两大类。

图 3.11 使用乳化剂的蛋糕

食品是含有水、蛋白质、糖、脂肪等成分的多相体系，食品中许多成分是互不相溶的，会产生分层，沉淀等现象，加入乳化剂使食品多相体系中各组分相互融合，形成稳定、均匀的形态，改善内部结构，简化和控制加工过程，提高食品质量。在食品工业中，常常使用食品乳化剂来达到乳化、分散、起酥、稳定、发泡或消泡等目的。此外，有的乳化剂还有改进食品风味、延长货架期等作用。

3.2.11 增稠剂

增稠剂是可改善食品的物理性质或组织状态，使食品黏滑适口的食品添加剂，也称增黏剂、胶凝剂、乳化稳定剂等。它们在加工食品中的作用是提供稠性、黏度、黏附力、凝胶形成能力、硬度、紧密度、稳定乳化及悬浊体等。使用增稠剂后可显著提高食品的粘稠度或形成凝胶，从而改变食品的物理性状，赋予食品黏润、适宜的口感，并兼有乳化、稳定或使其呈悬浮状态的作用。按来源可分为天然和人工合成增稠剂两类。多数天然增稠剂来自植物，也有来自动物和微生物的。来自植物的增稠剂有树胶、种子胶、海藻胶和其他植物胶，改性淀粉也被列为食品增稠剂。明胶、酪蛋白酸钠、改性面粉除有增稠作用外，还有一定营养价值，安全性高，应用较广。人工合成的增稠剂如羧甲基纤维素和聚丙烯酸钠等应用较广，安全性也较高。

图 3.12 添加增稠剂的食材

3.2.12 水分保持剂

水分保持剂用于保持食品的水分，属于品质改良剂，品种较多。我国允许使用的磷酸盐是一类多功能的水分保持剂，广泛应用于各种肉、蛋、水产品、乳制品、谷物制品、饮料、果蔬、油脂以及改性淀粉中，具有明显提升品质的作用。例如，磷酸盐可增加制品的持水性，减少加工时的原汁的流失，从而改善风味，提高出品率，并可延长贮藏期；防止水产品冷藏时蛋白质变性，保持嫩度，减少解冻损失；也可增加方便面的复水性；还可用于生产改性淀粉。食品加工中常用的水分保持剂有磷酸盐、焦磷酸盐、聚磷酸盐和偏磷酸盐等。

图 3.13 添加水分保持剂的食材

正确看待食品添加剂

国家标准中的食品添加剂只要正确合理使用，严格控制使用量和使用范围，完全可以安全放心食用。然而不良商贩追求利润最大化，超量使用添加剂或者使用工业添加物改善食品外观或口味，蒙蔽消费者，对消费者的身体健康造成极大损害。目前存在着超量使用食品添加剂、超范围使用食品添加剂、滥用非法添加物等问题，使用不合格的添加剂，严重影响食品质量和食品安全。

食品添加剂无处不在，个人应有防范意识：

（1）在超市买东西，务必养成翻过来看“背面”的习惯。尽量买含添加剂少的食品。

（2）选择加工度低的食品。买食品的时候，要尽量选择加工度低的食品。加工度越高，添加剂也就越多。

（3）“知道”了以后再吃。希望大家在知道了食品中含有什么样的添加剂之后再吃。切莫购买添加了“非法添加物”的食品。

（4）具有“简单的怀疑”精神。“为什么这饮料的颜色这么漂亮？”“为什么这袋面包会这么便宜？”具备了“简单的怀疑”精神，在挑选加工食品的时候，真相自然而然就会出现。

主题四

食品安全卫士
——避免食品的化学污染

食品化学污染主要包括：人为使用的农药、化肥和兽药等造成的残留污染，工业生产的“三废” 通过水、土壤甚至空气造成的化学污染，食品生产、加工和烹调过程中形成的致癌物、致突变物（如多环芳烃、N－亚硝基化合物、杂环胺和氯丙醇等）污染，食品工具、容器、包装材料及其涂料造成的食品化学性污染等。

04/01

外带的化学污染

4.1.1 土地污染（重金属污染）或陈米抛光生产的致癌大米

所谓的“毒大米”，就是经过检测不能食用的发霉或农药及重金属超标米，只能用于工业用途——这些米即称为“问题大米”。识别毒大米的方法是将这种大米用少量热水浸泡后，手捻会有油腻感，严重者水面可浮有油斑，一般陈米比新米硬，优质大米透明度高。大米有其原有的正常颜色，若出现了淡黄色，我们称它为黄变米。大米变黄是因为大米在储存过程中

图 4.1　土地污染

由于自身水分含量高，在酶的作用下产生热，促使霉菌繁殖，出现霉变现象并呈现出黄色。霉菌中包含真菌产生的黄曲霉素，它是岛青霉、桔青霉、黄绿青霉的有毒代谢物的统称，这些就是致癌物质。

4.1.2 抗生素、激素和其他有害物质残留于禽、畜、水产品体内

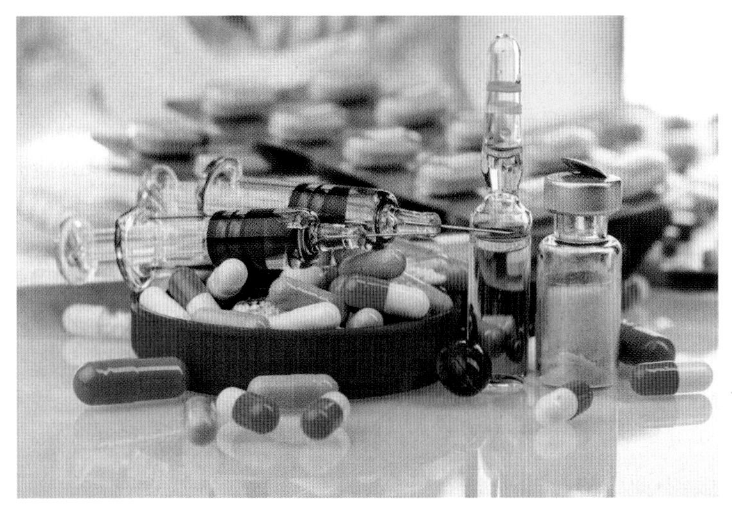

图 4.2 各种抗生素

我国抗生素主要用于临床、畜牧养殖业，研究数据表明，2013 年全国使用的 16.2 万吨抗生素中，约 52% 为兽用，超过 5 万吨抗生素被排放进入水土环境中。研究表明，抗生素被机体摄入吸收后，绝大部分以原形通过粪便和尿液排出体外，环境中的抗生素绝大部分最终都会进入水环境，因此对水环境影响最严重。

抗生素通过人体吸收，容易导致人体对抗生素产生耐药性，导致抗生素对抗病菌无力，容易产生超级细菌。

04/02

加工过程产生的化学污染

4.2.1 亚硝酸盐

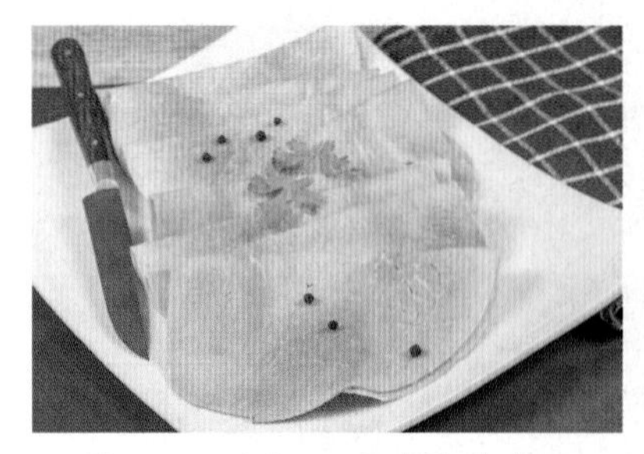
图 4.3 添加亚硝酸盐的食品

古老配方中常加入硝酸盐腌制咸鱼、肉等，硝酸盐在细菌作用下转化为亚硝酸盐，达到防腐、着色、起鲜等作用，据科学测定，有些隔夜菜特别是隔夜的绿叶蔬菜，非但营养价值已破坏，还会产生致病的亚硝酸盐。储藏蔬菜中亚硝酸盐的生成量随着储藏时间延长和温度升高而增多。亚硝酸盐进入胃部后，在具备特定条件后会生成一种称为N—亚硝基化合物（NC）的物质，它是诱发胃癌的危险因素之一，因此最好不要食用隔夜菜以及腌制食品。

4.2.2 食品中的苯并芘

苯并芘是多环芳香烃类代表，是一种强致癌物质。食品中苯并芘来源：

（1）加工过程中的污染：如食品在烧烤、烟熏、烘烤时，受高温影响发生裂解与热聚合等反应形成。如油炸食品。

（2）食物中的脂类在高温下热聚合成苯并芘。

（3）烘烤肉类时滴在火上的油滴可聚合成苯并芘吸附于烤肉表面。

图 4.4 食品中苯并芘常见来源

4.2.3 采用双氧水、甲醛对食品进行非法加工

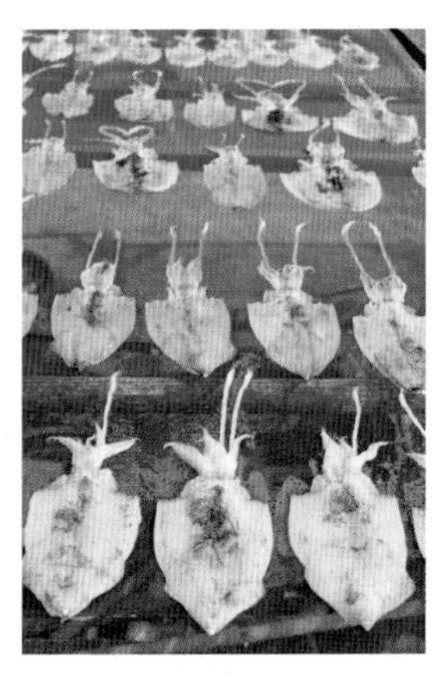

图 4.5 双氧水处理过的海产品

现实中有很多不法商贩，为了谋取不法利益，使用双氧水（H_2O_2）、甲醛（HCHO）加工食品，这不仅是违法行为，还会给广大消费者的身体造成极大危害。双氧水常被不法食品商贩添加于豆类制品、面制品（如油面）、鱼丸和盐水鸡中，作为杀菌、漂白之用；甲醛常被不法商贩添加到泡椒凤爪等食品中，以达到防腐等功效。食入含甲醛、双氧水的食物，易导致白血病、癌症等疾病。

4.2.4 三聚氰胺

由于食品行业和饲料工业中蛋白质含量测试方法存在缺陷，三聚氰胺常被不法商人用作食品添加剂，以提升食品检测中的蛋白质含量指标，因此三聚氰胺也被称为“蛋白精”。

蛋白质主要由氨基酸组成，其含氮量一般不超过 30%，而三聚氰胺的分子式含氮量为66％左右。通用的蛋白质测试方法“凯氏定氮法”是通过测出含氮量来估算蛋白质含量，因此，添加三聚氰胺会使得食品的蛋白质测试含量提高，从而通过食品检验机构的测试。据估算在植物蛋白粉和饲料中使蛋白质含量增加一个百分点，添加三聚氰胺的花费只有真实蛋白原料的1/5。三聚氰胺作为一种白色结晶粉末，没有什么气味和味道，掺杂后不易被发现，但使食品的营养价值大打折扣。

图 4.6 添加三聚氰胺的奶粉

4.2.5 垃圾油

垃圾油是质量极差、极不卫生，过氧化值、酸价、水分严重超标的非食用油。它含有毒素，流向江河会造成水体营养化，一旦食用，则会破坏白血球和消化道黏膜，引起食物中毒，甚至致癌。

“过菜油”之一的炸货油在高温状态下长期反复使用，与空气中的氧接触，发生水解、氧化、聚合等复杂反应，致使油黏度增加，色泽加深，过氧化值升高，并产生一些挥发物及醛、酮、内酯等有刺激性气味的物质，这些物质具有致癌作用。

根据医学研究，“泔水油”中的主要危害物——黄曲霉素的毒性是砒霜的100倍。

图 4.7 容易产生过菜油的来源

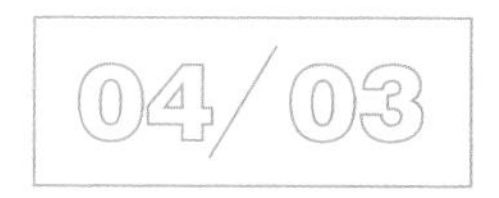

食品器具引起的化学污染

4.3.1 橡胶制品

图 4.8 高压锅中的橡胶成分

橡胶制品分为天然橡胶和合成橡胶。天然校胶是以聚异戊二烯为主要成分的不饱和天然化合物，无毒，用于食品工业的合成。橡胶有丁橡胶、硅橡胶等，常作为输血管道、瓶盖垫片、罐头和高压锅垫圈等。天然橡胶要加工成制品，必须添加各种助剂、添加剂以及裂解产物来提高橡胶制品的硬度、耐热性和耐浸泡性。因其化学成分复杂，在使用过程中某些成分会迁移到食品中或原料中而造成污染。

4.3.2 金属

厨房里有形形色色用途各异的锅：煮饭锅、炒菜锅、蒸锅、高压锅、

图 4.9　搪瓷锅

奶锅、平锅等，从制造原料来看，目前常用的为铁和不锈钢，合金钢以及金属钛逐渐也被用于制造锅具。

铝曾经是一种常用的材料。它性质活泼，易和空气中的氧结合，生成一层透明的、薄薄的铝锈——三氧化二铝，这层氧化膜虽然保护了铝不会被进一步氧化，但由于三氧化二铝容易与酸性、碱性、盐溶液反应，致使铝不断进入食物中，而人体过量摄入铝元素，容易得老年痴呆。因此铝锅正在逐渐被淘汰。

风靡一时的不粘锅，因为可以轻松烹饪食物不沾底而备受欢迎。不粘锅的涂层大多为水性不粘氟碳涂料，统称为特氟龙，其中以聚四氟乙烯（PTFE）最为常见。PTFE 的摩擦系数很小，表面能在固体材料中最低，其他物质很难在其表面附着，因此可以做不粘锅的涂层。另外还有一种陶瓷涂层（主要成分为二氧化硅），但价格较贵。特氟龙具有耐化学腐蚀、耐老化的特点，但是高温下涂层中的有害物质可能分解，因此在使用不粘锅时应注意：1. 控制使用温度（小于 260 度为宜），避免干烧。2. 防止涂层破损脱落，用木铲或硅胶铲，避免烹饪坚硬的、贝壳类的食物，不要用钢丝球刮擦。

搪瓷，是一种复合材料，又称之为珐琅，它是一种将熔融后的无机玻璃质材料（瓷釉）凝于基体金属上，并与金属牢固结合在一起的复合材料。通常我们所见的搪瓷锅内部大多是呈白色的，这层瓷釉是由氧化硅（SiO_2）、氧化铝等无机矿物原料经高温熔融、急剧冷却而形成的硼硅酸盐玻璃质，化学性质比较稳定、环保无毒，因此，合格优质的搪瓷锅是一种让人放心的器具。但需要注意的是，搪瓷的瓷釉在外力击打时容易破碎，从而暴露出基层的金属、可能析出有害物质，因此搪瓷锅不宜用来炒菜，要避免摔打，也要避免高温时突然冷却而产生的"爆瓷"。同时应尽量选择内部（接触食物部分）为白色的搪瓷器皿，以免深色材质中析出重金属离子等有害物质。绝对不能用搪瓷器皿储存强酸碱的食物。

4.3.3 纸质食品包装材料

纸是传统的食品包装材料，其价格低、生产灵活性好、储运方便，人们常把纸做成纸袋、纸箱、纸筒、纸杯、纸管等容器来包装食品。正规的食品包装纸质材料既美观又便于携带，但是，纸类包装材料也存在一定的安全隐患。不法商贩会采用回收废纸生产包装材料，经过生产后会产生大量的霉菌和致病菌等，用于食品包装会使食品腐败变质；同时，回收来的废纸中可能含有铅（Pb）、镉、多氯联苯等有害物质，这些物质会造成人头晕、失眠、健忘，甚至导致癌症。此外在造纸过程中通常需在纸浆中加入一些添加剂，如施胶剂、漂白剂、染色剂等，这些物质被人体吸收后很难分解，会使肝脏的负担加重。

图 4.10 纸质食品包装

4.3.4 形形色色的塑料制品

塑料是一种高分子材料。以单体为原料，通过聚合反应生成高分子化合物（树脂）后，加入适量的填料以及增塑剂、稳定剂、抗氧化剂等助剂制成。目前我国允许使用的食品级塑料有聚对苯二甲酸乙二醇酯（聚酯、PET）、高密度和低密度聚乙稀（HDPE、LDPE）、聚丙烯（PP）、聚苯乙烯（PS）、聚碳酸酯（PC）。

一般在塑料容器底部，会有三角形标志，三角形里边的 1–7 数字分别对应不同的材料，这个标志是用于环保回收再生利用，我们可以借此识别制品的材质。

聚氯乙烯（PVC）不得用于制作食品用具、容器等直接接触食品的包

表 4.1 常见塑料与日常应用

材料	应用案例	注意事项
1–PET（PETE）	矿泉水、汽水瓶	不可加热及反复使用
2–HDPE	食品、清洗、沐浴产品包装	不要循环使用
3–PVC	塑料袋、雨衣、管材等	高温有害、不能受热，不可接触食品
4–LDPE	保鲜膜、塑料膜	高温有害，耐热性不强，超过 110 度热熔
5–PP	唯一可做微波炉餐具的塑料材料	微波加热时不要加膜及非 PP 的塑料盖
6–PS	碗装泡面盒、发泡快餐盒	不可微波加热，不可盛装强酸、强碱、滚烫的物质
7–PC 及其他	水壶、太空杯、奶瓶	不可高温

装材料。聚氯乙烯的毒害性来自氯乙烯单体，以及加工中添加的增塑剂、防老剂等助剂，颜色特别深，如黑、红和深蓝色的塑料袋，以及小商贩使用的劣质塑料袋，大多是用回收的废旧塑料制品重新加工而成的，含有有毒有害物质，因此不能用来装食品，尤其不能装热的食物，以防袋子材料里的有害物质析出造成食品污染。

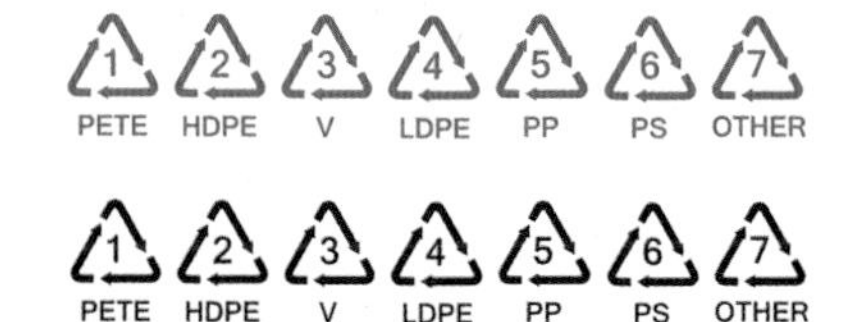

图 4.11 不同材质的塑料和 PET 矿泉水瓶

除了塑料袋，PVC 也用于制保鲜膜，在购买时我们应当注意识别，选择材质为 PE、PVDC（聚偏二氯乙烯）的产品，作为家用食品的保鲜覆膜。

4.3.5 食品干燥剂

食品中常用的干燥剂是氧化钙（CaO）、硅胶、蒙脱石干燥剂、氯化钙（$CaCl_2$）干燥剂和纤维干燥剂。生石灰干燥剂的主要成分为氧化钙（CaO），其吸水能力是通过化学反应来实现的，因此吸水具有不可逆性。不管外界环境湿度高低，它能保持大于自重 35% 的吸湿能力，更适合低温保存，具有极好的干燥吸湿效果，而且价格较低，可广泛用于食品、服装、茶叶、皮革、制鞋、电器等行业。目前最常见的“雪饼”中就使用该类型干燥剂。但是生石灰干燥剂由于具有强碱腐蚀性，经常造成小孩或老人眼睛受伤的事情，目前已逐渐被淘汰。

主题五

美妆知多少

化妆品古已有之，“小山重叠金明灭，鬓云欲度香腮雪。懒起画蛾眉，弄妆梳洗迟。照花前后镜，花面交相映。”就是一幅动人的美人画。现今，形形色色的化妆品让我们的生活更加精致美好。化妆品是作用于人体表面，通过涂抹、喷洒等方法达到清洁、保养、美化、修饰目的的精细的化工产品，包括护肤化妆品（如洗面奶、乳液、面霜等），毛发化妆品（如护发素、洗发液等），口腔卫生用品（如牙膏），美容化妆品（如口红、香水、指甲油等），特殊用途化妆品（染发膏、祛斑霜、防晒霜等）。化妆品中常见成分有油脂、粉质原料、溶剂原料、香精香料、染料、颜料以及防腐剂、抗氧剂等。

曾经有化妆品广告宣称“我们恨化学”，以此来标榜自己的产品是全天然的，事实的情况是这样的吗？当今世界所用的化妆品，无一例外都是由各种各样的化学品调制而成的，有些产品会加入天然成分，有些会从植物里提取天然的成分，但是，批量生产的任何产品，都毫无疑问有化学添加。安全使用化妆品给我们带来无限好处，但是化妆品的有机溶剂、无机重金属、化妆品稳定剂、抗生素以及激素等过量使用确实存在安全隐患。

教你看懂护肤品成分表

护肤品是每个人特别是女性朋友最常用的化妆品。正规品牌的护肤品大多会标明成分，面对密密麻麻的专业名词，你是不是有点懵？首先，所有成分的排序是按含量由高到低排列的，大多数产品是由水类和多元醇构成了基底成分，其次，我们可以对照表 5.1，找到组分的作用，有些产品还会添加美白、保湿、防老等功能性的成分，在后面章节中我们会一一道来。

表 5.1 护肤品常用成分

功能	成分名称	作用原理	风险
溶剂	丙三醇（甘油）	相似相溶，“油”性溶剂可以将不易溶于水的功能成分溶解	几乎无
	丙二醇		较弱
	丁二醇		较弱
	异十六烷		较弱
	PEG-40/60/80		较弱
防腐剂	苯氧乙醇	破坏细菌的新陈代谢、防止细菌繁殖	有风险
	氯苯甘醚		有风险
	苯甲酸钠（安息香酸钠）		有风险
	EDTA 二钠		较弱
	EDTA 三钠		较弱
	羟苯乙酯		较弱
	羟苯丙酯		较弱
	羟苯丁酯		较弱
	碘丙炔醇丁基氨甲酸酯		较弱

功能	成分名称	作用原理	风险
起泡剂 乳化剂	月桂醇聚醚硫酸酯钠（十二烷基醚硫酸钠）	具备亲水基团、亲油基团使各种成份“融为一体”	较弱
	月桂酸（十二酸）		较弱
	甲基醚二甲基硅烷		较弱
芳香剂	棕榈酸异丙酯（十六酸异丙酯）等香精香料	掩盖其他材料的味道，带来愉悦感	较弱，香料可能引起过敏
增稠剂	淀粉、果胶等多糖类	分子中羟基与水分子相互作用形成三维水化网络结构，从而增稠	几乎无危害
	纤维素类等水溶性高分子	分子链的缠绕实现黏度的提高	
	氯化钠等无机盐 脂肪醇、脂肪酸	促进胶团形成，增大胶束，从而增稠	
调节 酸碱度	三乙醇胺	酸碱中和反应，平衡酸碱度	低刺激性
	磷酸氢二钾		较弱
	磷酸钾		较弱
	柠檬酸		几乎无危害
	氢氧化钠		含量很少，较弱
	氢氧化钾		含量很少，较弱

趣味化学小知识

夏秋季，人体被蚊虫叮咬后，皮肤会起疱块或发痒，立即擦肥皂水是简便又快速的止痒方法哦。

蚊虫叮咬时释放的有毒物质的主要成分是甲酸（HCOOH），可导致皮肤松弛麻痹，红肿发痒。肥皂水是弱碱性溶液，可以与甲酸发生中和反应，生成的物质对皮肤无刺激作用，起到止痒功能。

洁面

清洁面部是护肤化妆的第一步。洁面产品的功能成分有烷基糖苷类、氨基酸表面活性剂、合成表面活性剂、皂基类，它们的清洁能力依次逐渐增加，温和程度逐渐降低。日常洁面产品应选择温和不刺激的，避免使用含有皂基成分的洁面产品。脂肪酸与强碱发生皂化反应后生成脂肪酸盐（图5.1），脂肪酸盐（如棕榈仁油酸钠、棕榈油酸钠、椰油酸钠和牛脂酸钠等）就是皂基。

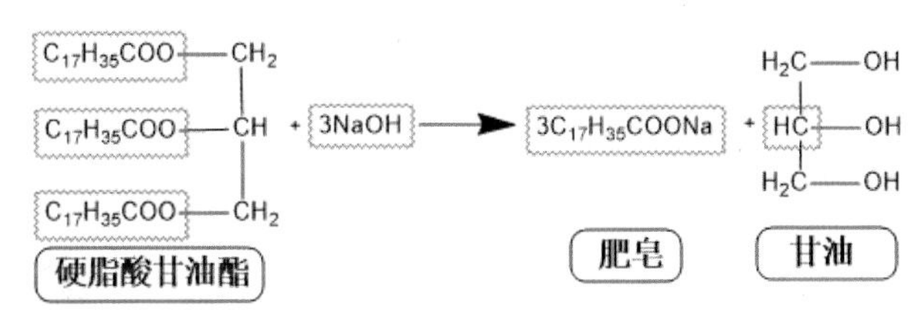

图 5.1 皂化反应

趣味化学小知识

你知道地壳中含量最多的金属元素是什么吗？

铝（Al），占地壳质量的 7.73%

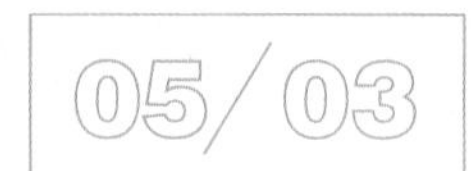

保湿

保湿，顾名思义就是保持皮肤湿润。我们可以通过“封闭”和“锁水”达到保湿目的。“封闭”是用一些亲和皮肤的油脂覆盖在皮肤形成保护膜，减少皮肤表面和空气的物质交换，从而减慢水分流失；“锁水”则是使用亲水物质保湿剂在皮肤表面与水分子相互作用，不封闭皮肤即可防止水分流失。

封闭剂如辛酸癸酸三甘油酯（图 5.2）。与凡士林、乳木果油这种直链烷烃油脂相比，“枝丫”较多的油酯形成的封闭膜透气性更好。

C_9H_{19} C_7H_{15} C_7H_{15}

图 5.2 辛酸癸酸三甘油酯结构图

锁水剂如“甘油”、“丁二醇”。水分子由一个氧原子和两个氢原子组成，甘油含有 3 个羟基。羟基上氧原子和水分子上氢原子“手拉手”，可以结合更多的水分子，从而使甘油能够锁住水分（图 5.3）。

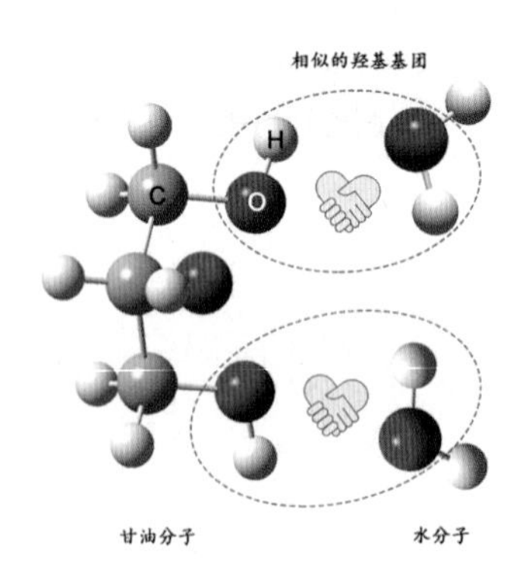

图 5.3 水分子、甘油分子“锁水”示意图

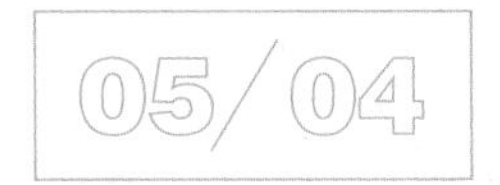

防晒

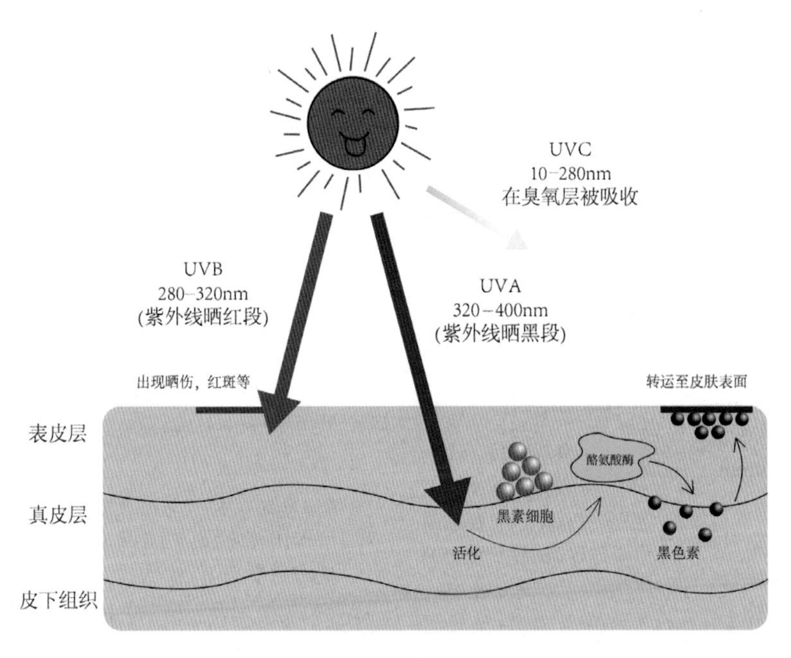

图 5.4 防晒作用示意图

阳光给大家带来温暖的同时也带来伤害。长期暴露在强光照射下，阳光中的紫外线容易造成各种皮肤损伤，如图 5.4。同时防护 UVA 和 UVB 才能有效防止晒伤和晒黑。常用防晒成分如表 5.2。消费者应选购合适的防晒产品，避免购买含有致敏成分和不安全防腐剂的产品。

表 5.2　常用防晒成分

成分名称	功能	作用原理	安全提示
二乙氨羟苯甲酰基苯甲酸己酯 Uvinul A Plus DHHB	二苯酮衍生物 UVA 防护		
亚甲基双苯并三唑基四甲基丁基酚 Tinosorb M MBBT	二苯酮衍生物 UVA 防护		
双乙基己氧基苯酚甲氧基苯三嗪 Tinosorb S	UVA 防护		
丁基甲氧基二苯甲酰基甲烷 “阿伏苯宗” “Avobenzone”	完全为 UVA 设计的分子	带有“苯环”的物质，能够大量吸收紫外线	孕妇、婴童、敏感皮肤慎用 不太稳定，遇光会分解 2,6- 萘二甲酸二乙基己酯及硅石缓解阿伏苯宗的分解
甲酚曲唑三硅氧烷 Mexoryl XL	UVA 防护， 欧莱雅专利防晒剂		
对苯二亚甲基二樟脑磺酸 Mexoryl SX	UVA 防护， 欧莱雅专利防晒剂		樟脑类衍生物，较温和，毒性非常小
乙基己基三嗪酮 Uvinul T 150	UVB 防晒剂		
甲氧基肉桂酸辛酯	“OMC”，肤感好，UVB 防护能力强	肉桂酸类的原料对于 UVB 的遮挡能力超强	与阿伏苯宗不兼容，二者反应后防晒能力消失
聚硅氧烷 -15 Parsol® SLX	UVB 防晒剂	在硅的骨架上面接上具有防晒能力的结构	“硅”家族， 不易渗透
水杨酸酯类	UVB 防晒剂		对皮肤亲和性好
二氧化钛 “氧化锌”	UVB 防晒剂 UVA 和 UVB 防晒剂	小颗粒，反射和散射光线的能力特别强	二氧化钛成本较低，但防护效果比较差，可以造成“立即白”的假象

美白

化妆品的美白效果，除了用遮盖成分达到，更重要的是减少皮肤里的黑色素。UVA 照射下刺激皮肤黑色素细胞反应，增加黑色素的生产，从而使皮肤变黑。我们可以通过加速黑色素代谢、阻止黑色素到达表皮、抑制黑色素产生等几种方式达到美白效果。常见的美白功能成分有果酸、烟酰胺、辅酶 Q10、艾地苯、维生素 C、维生素 E、儿茶素、白藜芦醇、氢醌、熊果苷、4- 丁基间苯二酚、苯乙基间苯二酚、氨甲环酸等(图 5.5)。

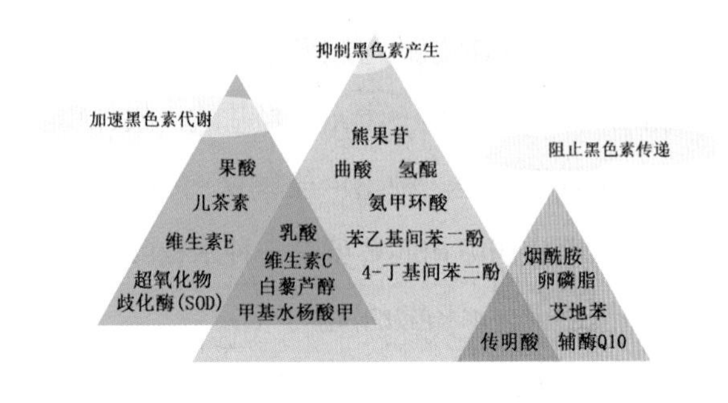

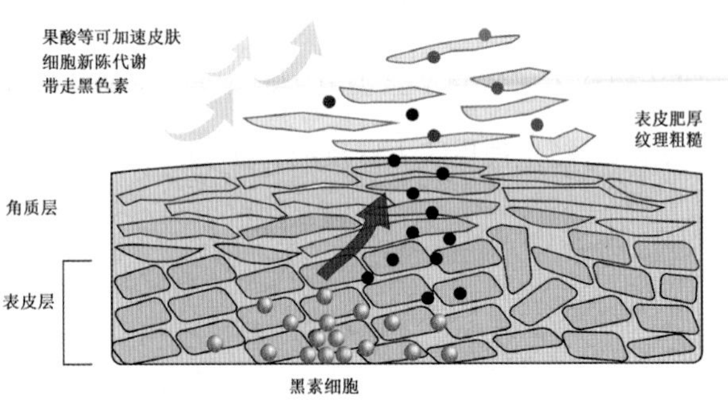

图 5.5 美白原理示意图

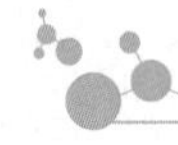

祛痘

谁的青春不战“痘”？！祛痘产品中常添加水杨酸、果酸来帮助皮肤“换新”，减少粉刺，镇静消炎。水杨酸、果酸都是羟基酸，能够与角质细胞之间的钙离子结合，降低角质细胞的连接作用，促进旧角质脱落，刺激新角质层生长，加速皮肤“换新”。请注意表皮特别薄的人群慎用含水杨酸、果酸的产品。果酸是一类 α－羟基酸，如甘醇酸、乳酸、葡萄糖酸内酯、乳糖酸。水杨酸是一种 β－羟基酸，能抑制有害菌的生长，同时还有抗炎的效果（消炎药阿司匹林就是一种水杨酸的衍生物）。需要注意 3 岁以下儿童谨慎使用含水杨酸的洗护产品。

维 A 酸也具有促进上皮细胞增生分化、角质溶解等作用。不少人种草维 A 酸类用来“平价祛痘”，如全反式维 A 酸（迪维）、异维 A 酸（泰尔丝）、阿达帕林（达芙文）。大家需要注意，这些药品都应在医师指导下使用。外用时可能出现皮肤不良反应，如刺痛、爆痘、脱皮和发红等。

谈“素”色变

长期使用护肤化妆产品，我们必须谈“素”色变。“素”指外用糖皮质激素，如氢化可的松、地塞米松、甲泼尼龙、雌酮、醋酸曲安奈德、黄体酮等等。它们具有强大的抗炎、抗过敏效果，能有效减轻酒渣鼻、痤疮、皮肤敏感症状，让皮肤粉嫩光滑。但是，糖皮质激素在减轻症状的同时也降低了机体免疫力，我们只能在医师指导下短期使用糖皮质激素。在化妆品中，糖皮质激素属于禁用成分。但是有些保湿、祛痘、祛斑等功能性产品，为了追求神奇功效违法添加了糖皮质激素。使用这些产品后皮肤变得脆弱，容易出现过敏、灼热疼痛、红斑、瘙痒、红色丘疹等症状。

趣味化学小知识

你知道吗？水银温度计中的“水银”不是银哦，是汞。

汞是熔点最低的金属，是在常温下唯一以液态存在的金属。汞易挥发。室温下会不断释放汞蒸气。人体吸入汞蒸气会中毒。如果不小心打碎水银温度计，我们应该及时用硫粉覆盖水银，生成硫化汞固体，避免人体吸入。

05/08

指甲油美丽色彩下的安全隐患

美甲已经成为一种风尚。依赖于多种多样的化学成分、成熟的精细化工工艺，指甲油颜色鲜艳丰富、不易脱落、品种繁多。可是你知道吗？普通指甲油成分含有有毒、有害的物质，如苯、邻苯二甲酸酯、甲醛，作为溶剂的丙酮、乙酸乙酯等具有易燃、易爆特性（表 5.3）。

表 5.3　指甲油成分

成分名称	功能	作用原理	安全提示
甲苯（Toluene）	使指甲油涂抹顺畅，颜色均匀	油性溶剂	低毒、刺激性
甲醛（Formaldehyde）		油性溶剂	刺激性、致癌物质
邻苯二甲酸二丁酯（DBP）	防止指甲油脱落	油性溶剂	吸入 DBP 会影响生育，可能致癌
丙酮（Acetone）	快干	油性溶剂、易挥发	危险化学品、容易使指甲变得脆弱
乙酸乙酯（香蕉水）	快干	油性溶剂、易挥发	危险化学品、刺激性强
色素	各种各样的颜色		部分色素可能有毒，如苏丹红

如果没有必要，尽量不使用、存储指甲油。爱美的女性要注意，在购买指甲油的时候尽量购买有质量保证的品牌产品，避免挑选含有苯、邻苯二甲酸酯、甲醛成分的指甲油。

长期涂口红不等于美丽

口红已经成为很多女性日常必备的化妆品之一。唇部彩妆包括唇膏、唇棒、唇彩、唇釉等，口红主要成分见表 5.4。

表 5.4 口红常用成分

成分名称	功能	安全提示
蜡（棕榈蜡、蜜蜡、石蜡、地蜡）	主要成分为唇膏提供强度	
油（矿油、蓖麻油、羊毛脂、凡士林）	分散颜料 润肤	羊毛脂成分复杂，易引发过敏，如嘴唇表皮干裂、剥落，嘴唇发痒或疼痛
溴酸红、 矿粉等颜料	着色剂	口红原料中含有一定含量的铅、汞、镉，重金属具有蓄积性，长期超量摄入会导致慢性中毒。
香料	体现淡雅的香味	对部分人群有致敏作用
尼泊金丙酯、 对羟基苯甲酸酯	防腐剂	准致癌物质

从上表的安全提示中可以看出，长期涂口红可能引起健康问题，饮食、睡前都应擦去口红。购买口红要避免三无产品，劣质口红为了使色泽更鲜艳亮丽，不易脱落，加大了铅、汞等有害物质的剂量，严重威胁人体健康。未成年人的皮肤渗透性强，重金属更容易进入体内。因此未成年人应该尽量少用或不用美容类或特殊用途类的化妆品。

05/10

染发剂

染发剂可分为无机染发剂、有机染发剂和植物染发剂（表 5.5）。

表 5.5　染发剂分类及作用原理

染发剂分类	成分名称	作用原理	安全提示
无机染发剂	含铅、铁、铜的化合物	金属离子渗透到头发中，与头发蛋白中的半胱氨酸中的硫作用，生成黑色硫化物等	重金属离子易引起蓄积中毒，会损害健康、致敏
有机染发剂	染色剂：氨水和苯的衍生物，如对苯二胺（PPD） 显色剂：强氧化剂，如过氧化氢	显色剂破坏黑色素，对苯二胺结合角蛋白，强氧化剂氧化还原显色	刺激腐蚀 过敏反应 苯二胺分子量小，容易渗透进入人体，致敏
植物染发剂	色素吸附性染剂；络合型染发剂	植物性染料沉积吸附在头发上 植物中的活性成分与金属盐类结合显色，渗透在头发里	部分人群致敏，持久性差

常用染发剂为有机染发剂。

染发剂中的碱性物质（如氨水），打开头发的毛鳞片；显色剂（如过氧化氢）进入头发内，与黑色素反应，“漂白”毛发；染色剂中的对苯二胺（PPD）等进入头发内部与头发内角蛋白相连，在显色剂（如过氧化氢）作用下变为有色染料；使用含酸性物质的产品（护发素等）中和碱性物质，关闭毛鳞片，使有色的染料长期存储在头发里，这就是染发过程（图 5.6）。

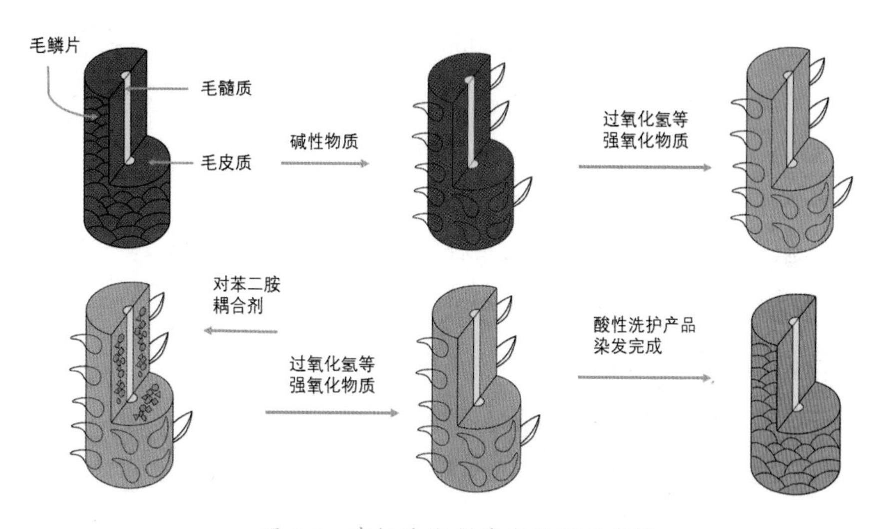

图 5.6 有机染发剂染发过程示意图

趣味化学小知识

密信传递

用毛笔蘸白醋在白纸上写字或者画画，晾干后，白纸上字迹消失了。我们再把这张纸放在烛火上方烘烤，字迹会重新显现。

这是因为白醋使纸张发生化学变化，形成的新物质燃点比白纸低，烘烤后它就烧焦了，显现出棕色的字迹。柠檬汁、蒜汁、及大葱的葱白汁等也可以用来写密信，大家来试一试吧。

主题六

洗洗涮涮——日化用品介绍

我们每天的生活，都离不开洗洗涮涮。在各种各样的日化用品里比如洗涤剂、消毒剂、杀虫剂，它们的化学组分各有所异，各有所长，默默地为人类清洁卫生的生活做着贡献。洗涤剂的核心是一类较为温和的化学品——表面活性剂。表面活性剂分子一端亲水一端亲油，可将衣物、碗碟等表面的油污拽入水中并冲走。消毒剂的核心化学成分则非常多样，且多属危险化学品，例如：次氯酸钠（84 消毒液）、季铵盐（苯扎氯铵、94 消毒液）、对氯间二甲苯酚（滴露消毒液）、高锰酸钾等。化学驱虫 / 杀虫剂，听起来不是纯天然，又与天然成分有着千丝万缕的联系。这些日化用品各有怎样的化学特性呢?

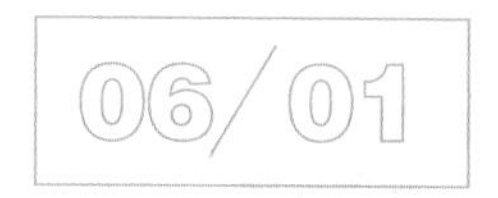

消毒剂怎么用？

带你认识消毒剂

消毒用品有哪些？怎么选？怎么用？表 6.1 回答你的疑问。

消毒安全小贴士

向人体注射消毒剂杀灭新冠病毒，合理吗？
非典期间曾流传的用白醋加热熏屋子消毒，合理吗？
网购消毒剂宣称可放在加湿器雾化使用，吸入无害，靠谱吗？

多数消毒剂都有腐蚀性和毒性，使用前应查清推荐浓度，使用时戴手套保护手部皮肤，使用频率需合理。

由于误食后毒性和腐蚀性极强，必须存放在儿童接触不到的地方，建议即买即用避免囤货。

消毒剂不可混用，彼此可能发生化学反应。例如 84 和高锰酸钾均易与洁厕灵中的盐酸反应产生剧毒氯气，高锰酸钾还能氧化碘离子、双氧水、酚类等消毒剂使它们失效。

表 6.1 生活里常见的消毒用品

代表商品	有效成分	用途
84 消毒液 二氧化氯消毒粉 / 片 / 液 强氯精 过氧化氢消毒液 氧净、活 / 鲜氧、增氧剂 臭氧机、消毒碗柜	次氯酸钠 二氧化氯 三氯异氰尿酸 双氧水 过氧碳酸钠 臭氧	家用擦拭、浸泡消毒 自来水消毒、环境消毒除臭 泳池、桑拿水消毒 医用、隐形眼镜护理 家用清洁、水产消毒增氧 衣物消毒、空间消毒除臭
医用高锰酸钾片	高锰酸钾	医疗（皮肤脓肿、感染） 水果消毒
甲酚皂 / 煤酚皂 / 来苏尔 滴露 / 威露士消毒液 抑菌洗手液等洗涤剂	甲基苯酚 对氯间二甲苯酚 三氯羟基二苯醚	养殖场、环境消毒 衣物浸泡消毒 临床消毒、防腐
医用酒精、食品级酒精、免洗消毒凝胶	乙醇、 异丙醇	医疗中的消毒与清洁 家用品和手消毒
碘酒（碘酊）、 碘伏	碘单质、碘离子	皮肤、黏膜消毒 医疗器械浸泡消毒
创口贴 94 消毒液、新洁尔灭、百毒杀	苯扎氯铵、苯扎溴铵、癸甲溴氨	伤口敷料 牧场、公共场所消毒
紫外消毒灯、 消毒箱	UVC 紫外线	餐厅、医院等公共空间消毒 奶瓶、内衣消毒

类型	消毒原理	安全提示
氧化类	氧化破坏菌体或其中的活性基团。几乎能杀死所有的微生物。以表面消毒为主，作用快而强。	能腐蚀或漂白物品（金属、橡胶、皮革、染料、油漆、化妆品等）。 84消毒液必须避开酸性物质（洁厕灵、碳酸饮料、醋等），混合时产生剧毒的氯气。 臭氧有刺激性和毒性，空间消毒后至少通风一小时方可进入。
强氧化盐类	遇有机物（生物体表面）即放出原子氧，杀灭细菌能力极强，有除臭和收敛作用。作用表浅而不持久。	浸泡5分钟以上才能杀死细菌，热水中分解失效。 高锰酸钾是易制爆类、易制毒类管控化学品，个人少量自用可以购买，建议即买即用不存储。 遇盐酸（洁厕灵）或食盐等含氯离子的化学品，会氧化氯离子产生剧毒的氯气。
酚类	使蛋白质变性和沉淀或使酶失活；对真菌和部分病毒有效。	三氯羟基二苯醚（三氯生）毒副作用尚不明确，含此物质的洗涤剂面临争议。
醇类	使蛋白质变性，干扰代谢，导致微生物死亡。对细菌与病毒有效，对芽孢、真菌无效。为中效消毒剂。可作为其他消毒剂的溶剂，有增效作用。	易挥发，应浸泡或反复擦拭以保证作用时间。 作为有机溶剂，对皮肤、家用塑料制品、油漆表面有腐蚀性，使用频率需适当。 含乙醇60%以上有效，70%~75%最佳。
碘类	具有广谱杀菌作用，可杀灭细菌、真菌、原虫和部分病毒。	碘伏不稳定，应避光保存，开封后在有效期内用完。 碘伏引起的刺激疼痛较轻微，基本替代了红汞、碘酒、紫药水等皮肤黏膜消毒剂。
季铵盐类	改变细胞通透性。能杀死细菌，对芽孢、真菌、病毒作用差。	中性至碱性环境有效。 生物降解性能良好，对环境安全友好。
紫外线	UVC紫外线破坏微生物的遗传物质；部分型号产生臭氧，与紫外线共同作用。	紫外线穿透力弱，被挡住的物品无法消毒。 紫外线致癌，应在无人时段使用。

含盐的消毒剂水溶液为电解质，喷入正常通电的接线板插座孔中或电器设备中，存在发生电器短路引发火灾的安全隐患。

免洗洗手液小知识

有效杀菌成分通常为酒精、苯扎氯铵或天然提取物（柑橘等）。杀灭细菌、病毒、真菌的能力依赖于有效成分种类和浓度，通常酒精 > 苯扎氯铵 > 天然提取物。

适合不便洗手的公共场合，可避免传播病菌，但不能替代流水洗手的去污功能。酒精易挥发，但其他成分有残留，使用后手不可入口。

趣味化学小知识

古代的洗涤剂（一）

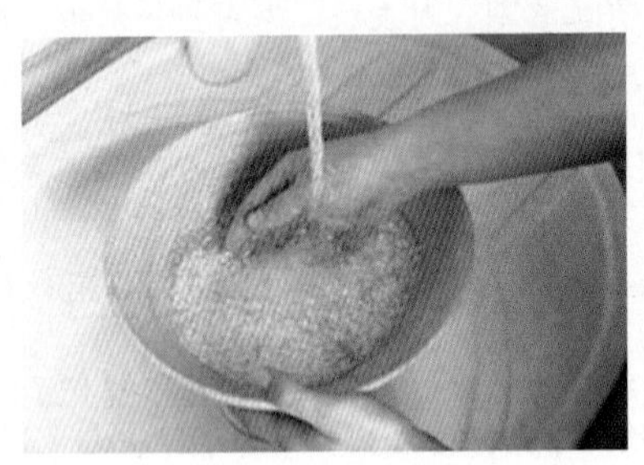

淘米水：秦汉时期富足人家用来洗发洗脸。淘米水呈弱酸性，匹配皮肤表面 pH，温和去污不伤皮肤。缺点是太稀缺，即使富足人家也不够全身沐浴。

草木灰：汉朝已广泛使用的衣物洗涤剂。草木灰含碳酸钾，水溶液呈碱性，有效分解衣物表面的皮脂等油性污渍。草木灰成本低廉易获取，偏远地区的平民百姓也用得起。

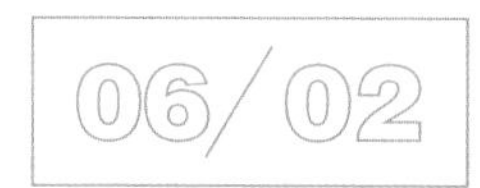

怎么解除蚊虫困扰？

杀虫剂

自古就有用菊花除虫的记录，十九世纪确认了其中的有效成分——天然除虫菊酯。除虫菊酯对人畜低毒，不易产生抗药性，但植物中含量低且光照下不稳定易降解。化学家模仿该物质的结构，并做了增强驱虫效果和稳定性、降低人畜毒性等修改，发明了各种可大规模生产的拟除虫菊酯，成为家用杀虫剂的主要有效成分。

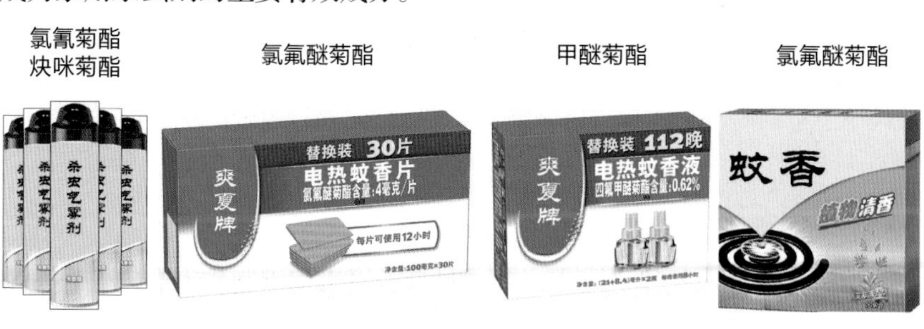

图 6.1 常见家用杀虫剂及有效成分

听说杀虫剂有耐药性？是的，长期使用同一种杀虫剂易产生耐药性，建议购买时留意有效成分，多种菊酯成分交替使用。

杀虫剂有毒吗？除虫菊酯是神经毒剂，诱发昆虫过度兴奋进而死亡，因此对蚊虫剧毒，但是对哺乳动物是最安全的杀虫剂之一。高浓度氯菊酯对猫有毒，养猫家庭需看清杀虫剂有效成分和安全用量。

尽管菊酯类杀虫剂对人畜低毒，但误服或超量吸入时仍会中毒，因此所有剂型都需遵循说明中的用法用量。使用气雾剂时需避免对人、宠物、食物、饮用水喷，避免大量喷洒在密闭空间。使用杀虫剂的季节勤通风换气，避免杀虫剂在房间内残留聚积。

杀虫剂危险吗？有风险，但正确使用即可避免。各种剂型都易燃，必须储存在避光处，远离火源、热源。气雾剂型为压力罐装，易燃易爆，建议即买即用少存储。电热型避免长时间插电，导致过热。盘香垫在金属盘上，应避免灰烬和火星溅落在地面 / 家具 / 易燃品上。

家有孕妇儿童时，能用杀虫剂吗？需要购买专用产品吗？如果蚊虫较多，叮咬孕妇儿童轻则瘙痒影响生活质量，重则引发严重的过敏反应或传播病菌，因此有必要使用杀虫剂。市面上的“专用产品”鱼龙混杂，有些成分仍是菊酯而“专用”二字仅为噱头，有些采用的驱虫杀虫成分效果不明确或安全性不及菊酯，购买时务必认清有效成分。

防蛀驱虫剂

樟树自带特殊气味可驱虫，其木材自古以来用于制作家具，储存贵重衣物防虫蛀。化学化工产业发展以后，从樟树枝叶中提取出驱虫的有效成分樟脑，又发展出成本更加低廉的合成樟脑。天然精制樟脑与合成樟脑实为同一种化学品。

近几十年，与樟脑具有类似气味的萘曾用于制作卫生球，又称樟脑球、臭丸。卫生球曾是家家户户的防霉防蛀“神器”，但其挥发产生的气体会造成慢性中毒，已于20世纪九十年代被明令禁止。

市面上常见的驱虫成分还有对二氯苯，常制成片剂包在透气纸中，降

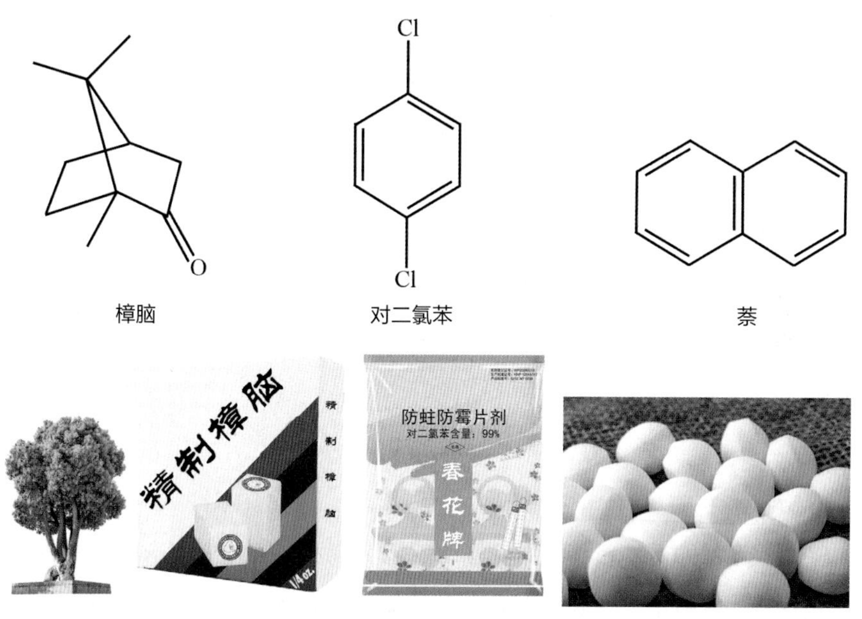

低挥发速度延长效用时间。皮肤接触有毒，若透气纸包装破损则不可接触。

图 6.2 常见家用驱虫剂及有效成分

驱虫剂有毒吗？超出安全剂量时有不同程度的刺激性和毒性，樟脑最弱，对二氯苯居中，萘最强（已禁用）。衣柜等密闭空间放置驱虫剂应控制用量，打开门后先通风散味再接近。误服毒性较强，必须放置在儿童接触不到的地方。

天然樟木产品更安全吗？樟脑分散在木材材质中，能缓慢低浓度释放，且不易误服。可在制作家具时作为原材料少量加入，也可加工成樟木块/球放在需要驱虫的空间。但用量不易掌握，过少则驱虫效果不佳，过量则

有刺激性。樟木价格较高，有不法商家用其他木材冒充，若不会鉴别可改用其他驱虫剂。

各种樟脑块、樟脑球、芳香球、防虫丸、防蛀片怎么选？市面上有违法添加萘的产品，也有将其他用途的樟脑当作驱虫剂销售。由于驱虫剂均易挥发且超量有毒，需要特殊的缓释剂来控制用量。建议在正规商家购买专用于驱虫的剂型，认清包装上的有效成分、用法用量和注意事项，避开标识不明的可疑产品。

风油精、清凉油、十滴水中多含有樟脑，2 岁以下儿童禁用。婴幼儿血脑屏障还不健全，外用樟脑经皮吸收后极易进入大脑影响神经系统发育。使用驱虫清凉类产品前需查明化学成分。

驱蚊剂

驱蚊产品眼花缭乱，六神花露水、宝宝金水、各种海淘产品、天然食物植物精油驱蚊法，到底哪个靠谱呢？食物、植物中的天然驱蚊成分固然有，但多数不稳定，无法长效驱蚊。目前世界公认效果明确的驱蚊成分有 5 种（表 6.2）。

驱蚊剂有毒吗？表 6.2 中的驱蚊成分在超出安全剂量或用法不当时，均有不同程度的毒性和刺激性，因此必须购买正规产品并严格按照说明用法和用量使用。另外，驱蚊剂可导致过敏，任何产品第一次使用应先局部试用。天然植物成分驱蚊剂尤其需要警惕，3 岁以下禁用，3 岁以上儿童先小面积确认不过敏，方可逐渐扩大使用范围。

如何安全地使用驱蚊剂？喷涂在皮肤或衣服上，勿用于皮肤破损处、眼睛及其周围皮肤，避免吸入或误服。喷雾型用于成人面部或儿童时，应先喷在手中，再涂抹于皮肤上，避免吸入。驱蚊剂的药效与活动量、出汗量有关，如果在户外，药效持续时间可能会缩短，应及时补涂。

国产的含避蚊胺或驱蚊酯的驱蚊液包装上常标明“农药”“微毒”字样，能用吗？在中国驱蚊液属农业部监管，驱蚊成分属于卫生用农药。正规的产品理应标注“农药”，并按化学性质说明“微毒”，可放心购买。若某些国产驱蚊产品未标注，则需留个心眼。

表 6.2　公认有效的驱蚊成分

驱蚊成分	儿童可用吗	特点	品牌举例
避蚊胺（DEET）	多数国家6月龄以上可用，儿童使用浓度上限10%~30%不等。	强效溶剂，能使塑料、人造纤维、皮革、指甲油在内的着色表面溶解，避免喷洒在衣服上。	欧护 Sawyer Repel 亚美
派卡瑞丁/埃卡瑞丁/羟哌酯（Picaridin）	通常1岁以上可用，儿童推荐浓度5%~10%。	不损伤塑料或织物，对户外活动装备友好。	Autan Aerogard 蓝鲲
驱蚊酯（IR3535，伊默宁）	通常2月龄以上可用，对儿童无明确浓度限制。	毒副作用和致敏性最弱，但需要高浓度才能达到较好的驱蚊效果，且持续时间有争议。	六神 宝宝金水
天然植物精油（柠檬桉油、大豆油和香茅油等）	多数国家3岁以上儿童可用。	有效成分为柠檬桉醇、香茅醇、香茅醛等。气味浓郁，刺激眼睛和呼吸道。驱蚊持续时间短，需反复涂抹，造成频繁刺激。	Repel 加州宝宝 小蜜蜂
甲基壬基甲酮（IBI-246）	对儿童的安全性等数据与法规尚不完善。	近几年刚被欧盟批准的驱蚊成分，成熟商品较少。	珮氏

家用洗涤剂

家用洗涤剂主要成分是表面活性剂。最早的表面活性剂来自草木灰和动物脂肪或橄榄油混合后缓慢固化的产物，肥皂曾以猪胰脏为原料而有“胰子”之称。油脂中的脂肪酸与草木灰中的碳酸钾发生酸碱中和反应，生成一端亲水一端亲油的脂肪酸钾。古代的肥皂是手工皂也是冷制皂，制作周期以月计算。化学工业的发展带来了热制皂，用氢氧化钠、氢氧化钾等强碱取代弱碱性的草木灰，同样的化学反应在高温下数小时即可完成。现代生活中又出现针对不同污渍、化学性质各不相同的洗涤剂（表 6.3）。

表 6.3　家用洗涤剂化学特性大不同

	pH	主要成分	辅助成分	特性
洁厕灵	强酸性	盐酸	耐酸的表面活性剂	中和排泄物中的氨，溶解尿渍等污渍
沐浴露	弱酸性	温和的离子型表面活性剂，非离子表面活性剂	植物提取物等护肤成分	匹配皮肤表面 pH，温和去污不伤皮肤

	pH	主要成分	辅助成分	特性
洗发水	中性	温和的离子型表面活性剂	含锌的抑菌成分、抗静电剂	清洁头皮油脂，抑制真菌去头屑
洗洁精	中性至弱碱性	十二烷基苯磺酸钠、温和的离子型表面活性剂	尿素等护手剂、三氯生等杀菌剂	可溶解油渍和农药残留，耐硬水，温和不伤手
洗衣粉	碱性	十二至十六烷基苯磺酸钠，非离子表面活性剂	助洗剂	可溶解各种污渍、保护织物手感和颜色
肥皂	碱性	脂肪酸钠 / 钾	杀菌剂、保湿剂	去污同时溶解皮肤表面油脂，伤手
玻璃清洁剂	碱性	非离子表面活性剂	氨水	去除油性手印
重油污清洁剂	碱性	非离子表面活性剂	氢氧化钠	溶解油渍，不易滴落
管道疏通剂	强碱性	氢氧化钠、氨水	非离子表面活性剂	溶解油脂与残渣，表面活性剂耐强碱

肥皂适合沐浴吗？肥皂用于沐浴时洗脱皮肤表面油脂的能力过强，伤害角质层使皮肤干燥，已逐渐被更温和的沐浴露取代。适于沐浴的多芬香块则不是肥皂，而是其他温和的表面活性剂与固体成分共同压制成的固体形态沐浴露，pH 约 5~6 呈弱酸性。

洗衣粉的助洗剂是什么？助洗剂有分解果汁、墨水、血渍、奶渍、肉汁、酱油渍等特殊污渍的酶（又称酵素）；有松解分散固体污垢的磷酸盐、硅酸盐等；有改善白度的漂白剂、荧光增白剂、防染剂等；还有改善织物手感的柔软剂、纤维素酶、抗静电剂等。

洗衣粉安全吗？洗衣粉含有的磷酸盐能有效提高分解污垢的能力，但排放到环境中造成藻类和水草疯狂生长，破坏生态平衡，已被硅酸盐替代。洗衣粉中的碱性物质会对衣物纤维和皮肤带来伤害，娇弱材质需要专用的温和洗涤剂，手洗后需及时涂抹护肤品。

洗洁精能洗蔬果吗？由于含有亲油基团，洗洁精能溶解并洗去蔬果表面的油性农药残余。但洗洁精的成分不可入口，无论是采用浸泡还是涂抹的方式洗涤，必须使用稀溶液，过后必须用流水彻底冲洗干净。

有些洗涤剂酸碱性很强，如何安全使用？看清成分表和注意事项，认清成分性质和适用对象。遵守说明书用法用量，戴橡胶手套和护目镜做好个人防护，有刺鼻气味时注意通风。

趣味化学小知识

古代的洗涤剂（二）

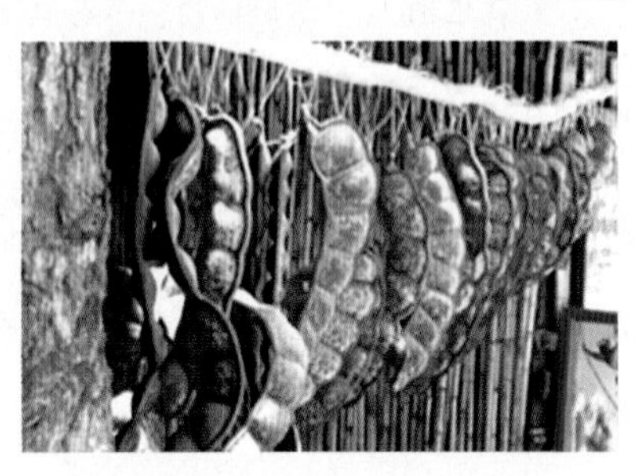

皂荚：汉朝起用于洗衣洗发沐浴。皂荚含皂甙，是一种天然的非离子表面活性剂，去污能力强且温和不伤皮肤。世界各地用不同的植物提取皂甙当作洗涤剂。“肥皂”的名称可能来源于肥皂荚。

胰子：清朝城乡居民广泛用于洗脸洗手洗衣。由猪或羊胰脏与草木灰、动物油脂制成。动物油脂与草木灰发生皂化反应，剩余油脂具有保湿护肤功效；胰脏中的大量消化酶（酵素）既能加快皂化反应，又能去除血渍、汗渍、奶渍等。因此胰子是多效合一洗涤剂。

主题七

云想衣裳

现代化学的发展给人类生活带来了更多的可能。“云想衣裳花想容”，看见那云就想到了美丽的衣裳，穿衣戴帽是和每个人息息相关的大事。随着科技进步和合成材料、染整工业的发展，人们制作衣物不再仅满足于遮体避寒，更多考虑创造时尚与美丽。为什么棉麻丝毛可以做成衣物？涤纶、锦纶、腈纶、维纶都是什么呢？衣服的色彩从哪里来？……衣服里面蕴含着乾坤奥妙。

07/01
服装材料

7.1.1 服装材料类别

什么样的材料可以制作衣服呢？棉麻丝毛中元素碳是骨干，和其他元素构成一个小单元，许多小单元手拉手构成长链——纤维。这些纤维能够弯曲缠绕形成缝隙洞穴，纺织成衣后具有一定的保暖防晒能力。服装材料包含天然材料——棉麻丝毛，再生纤维（粘胶纤维）——人造丝和人造棉，合成纤维——涤纶、腈纶、锦纶等（图 7.1，表 7.1）。

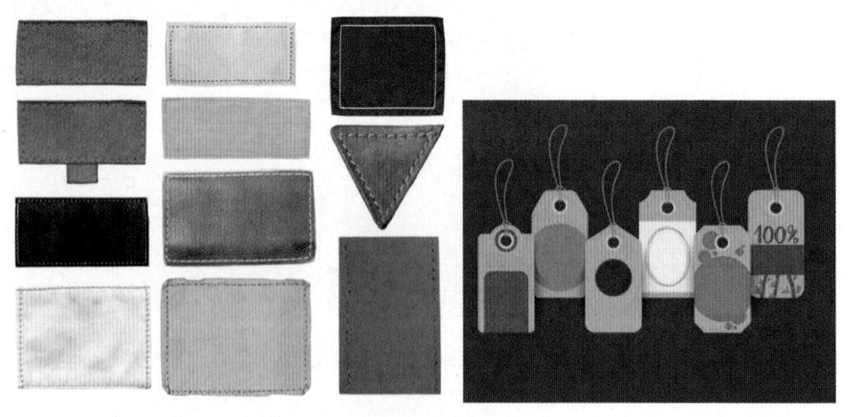

图 7.1　各种服装材料

表 7.1 常见的服装材料分类

名称	特点	其他
棉（cotton）	耐碱性、吸湿性、耐热性、保暖性较好; 易皱、易变性、不耐酸、不耐光照、易受微生物作用	纯棉织物与皮肤接触无刺激
麻（linen）	耐碱、天然纤维中强度最高、抗紫外线能力比棉强; 粗糙、强不耐酸	优质亚麻布为棕色、有光泽，质量不好的经柔顺后吸水不均匀，弄湿后变黑
丝（silk）	高级纺织原料，纤维细而柔软、平滑，弹性、光泽性、吸湿性好，良好的电绝缘性	低温手洗
毛（wool）	耐酸，吸湿性很高，弹性很好; 不耐碱，不耐氧化日照发黄，强度降低，耐热性差，强度低	如皮草、羊毛大衣
人造棉（rayonne）人造丝（viscose）	手感柔软、透气舒适，染色鲜艳，吸湿性良好，耐酸碱性，耐日光; 易缩水（湿强度低于干强度），抗皱性差	如绵绸
的确凉 / 涤纶（dcaron）/ 聚对苯二甲酸乙二酯（polyester）	强度高、耐热性好、耐磨、耐日光; 吸湿性、透气性差，不够柔软	如“的确凉”衬衫。 与天然纤维混纺得到涤棉、毛涤、丝涤等产品，具备优良抗皱性和高强度，挺括、耐穿、不霉、不蛀，良好吸湿性和透气性
尼龙 / 锦纶（nylon）/ 聚酰胺纤维（polyamide）	强度高，弹性和耐磨性优良，重量轻，吸湿性较好，耐蛀，耐腐蚀; 易变形、透气性差，易产生静电，耐热性差	如打底裤。 注意低温熨烫
合成羊毛（腈纶）/ 聚丙烯腈纤维（acrylique）	弹性较好、保暖性好、柔软、易染、耐光、抗菌、耐蛀、价格远低于羊毛	如针织毛衫。 可与其他纤维混纺成各种衣料

名称	特点	其他
合成棉花（维纶）/ 聚乙烯醇缩醛纤维（vinylon）	吸湿性良好	如丝绵填充物。 与棉混纺，纺制较低档次的民用织物
丙纶 / 聚丙烯纤维 polypropylene)	常见化学纤维中最轻的纤维 不吸湿	如运动服尿不湿蚊帐
莱卡棉 / 氨纶 / 聚氨基甲酸酯纤维（soandex）	弹性很好、舒适、手感柔软、并且不起皱，强度很差	如运动服、短袜
大豆蛋白纤维 (soybean fibers)	透气舒适、光亮柔软 容易产生汗渍水印，成本较高，比棉花高出 2 倍多	可与其他纤维混纺，扬长避短
芳纶 / 芳香族聚酰胺纤维 (Aramid fiber)	具有高强度和高耐热性	如飞行服、化学防护服。 除芳纶外还有氟纶、丙纶等，通过改性，可以制造出超细纤维、镀金金属纤维、抗静电纤维、发光纤维等各种不同性能的纤维
特种纤维	耐高温， 转移离子 高强度防弹	如耐火服、高压避电服、防弹服

7.1.2 如何区分纤维?

可以用燃烧来区分部分纤维。棉麻等纤维素纤维，接触火焰迅速燃烧，有烧纸味，灰烬细而轻，为黑色或灰白色；毛丝等蛋白质纤维，燃烧时熔融、卷曲并收缩，缓慢燃烧，有烧头发的气味，形成松脆的黑色焦渣；合成纤维燃烧时发生卷缩，后熔融、冒黑烟，容易熄灭，燃烧生成硬而亮的灰黑色小球。

7.1.3 运动时应穿什么材料的衣服?

很多人认为运动时应该穿纯棉面料的衣服,认为纯棉面料吸汗功能好,舒适透气。但其实纯棉面料虽然吸汗但是蒸发排汗的速度却很慢,汗湿的衣物贴附在皮肤上很不舒适,同时水蒸发时带走大量热量,剧烈运动后容易着凉,引起风寒感冒、头痛等症状。

化纤面料的衣物吸湿性差,其中丙纶和氯纶在标准状态下吸湿率近于零,腈纶的吸湿率也只有棉的18%。人们穿着化纤内衣时,散热的皮肤和吸湿性差的内衣之间形成一片温湿区,汗液无法蒸发,人感觉到闷热。因此运动时应选择穿着面料(如聚丙烯面料)透气性好的服装。

纯棉布料为什么吸汗快呢?棉纤维中的亲水基团遇到水分子就拽住不放了,所以吸汗快!但是这也导致了它干得慢。

人工合成纤维通常不像棉纤维能直接吸水,但它们通过毛细作用使水分子扩散,实现快速排汗。吸湿排汗纤维一般具有较高的比表面积,表面有众多的微孔或沟槽,当身体出汗时,由于毛细效应可以将汗水迅速地转移到最外层。

趣味化学小知识

脑子"进水"才能工作

人脑里面是有"水"的,学名叫"脑脊液"。科学家发现脑脊液比水只多了一些无机盐、蛋白质和糖类等。虽然脑子里的水在物质组成上没什么特别,但它的作用却无可替代。它可以保护神经系统,缓冲脑组织的压力,为脑细胞提供营养,运走代谢产物等。

07/02

染料的功与过

染料是各种各样的有色物质，大部分能够溶于水，当被纤维紧紧抓住，便使衣物有了颜色。染料有四方面要求。① 色度：能染得一定浓度的颜色；② 上色的能力：与纺织材料有一定的结合力；③ 溶解性：可溶解在水中；④ 染色牢度：在纺织材料上染上的颜色不容易褪色或变色。

7.2.1 染料分类

染料按照化学结构分类有偶氮染料（图 7.2）、蒽醌染料、芳甲烷染料、靛族染料、硫化染料、酞菁染料、硝基和亚硝基染料等。

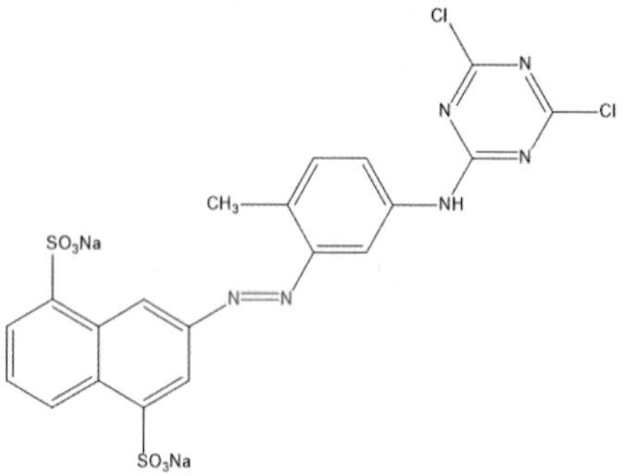

图 7.2 偶氮染料结构图

按照应用方式分类有以下几个种类（表 7.2）。

表 7.2　染料分类

染料类别	特点	适用对象	作用原理
酸性染料	水洗牢度差、干洗牢度优，色泽鲜艳、工艺简便	蛋白质纤维、尼龙、真丝、锦纶	多为偶氮和蒽醌结构，含磺酸基、羧酸基等极性基团，在酸性染液与蛋白质纤维中的氨基以离子键结合而染色
碱性染料（阳离子染料）	颜色鲜艳，适合人造纤维，用于天然纤维和蛋白质纤维的水洗和耐光色牢度很差	腈纶、涤纶、锦纶、蛋白质纤维、人造纤维	可溶于水，在水溶液中呈阳离子状态，与织物中的酸性基团结合而染色
直接染料	价格便宜、颜色齐全 需要固色剂改善色牢度	棉及黏胶纤维	多为偶氮结构，含磺酸基、羧基的水溶性基团，靠氢键作用力与纤维素纤维亲和
分散染料	以分散状对纤维染色	黏胶、腈纶、锦纶、涤纶等	分子中不含水溶性基团，水溶性很小，通过分散剂分散成细颗粒附着在纤维上
不溶性偶氮染料	色泽鲜艳，耐水洗，不耐摩擦	纤维素	反应形成色淀而染着于底物上
活性染料（反应性染料）	色泽鲜艳，耐光、耐水洗、耐摩擦，使用普遍	纤维素纤维、蛋白质纤维	与纤维素纤维羟基或蛋白质纤维的氨基或羧基反应，结合强度高
还原染料	耐光、耐水洗、耐氯漂 靛蓝是特殊品种，色牢度差	纤维素	不溶于水，碱性条件下制成可溶的隐色物质后固着在织物上，氧化除去水溶性基团后，显色
硫化染料	多为黑、蓝、草绿色，耐光、耐水洗 对纤维有脆损作用	纤维素	原理与还原染料类似，染色过程添加物硫化碱对环境污染大
涂料（不是染料）	耐光、耐水洗	所有纤维	树脂机械附着在纤维上

7.2.2 染料功过

服装染料要求是：颜色鲜艳、牢固耐久、使用方便、成本低廉、安全无毒。染料给人类生活带来美的享受，但也存在一些危害。有危害的偶氮类染料指可产生致癌的芳香胺的染料（图 7.3）。目前已知可致癌的芳香胺有 23 种，其中 2- 萘胺和联苯胺的致癌性最强。联苯胺无臭无味，购买时难以识别而且使用后也不易褪去。只有经过化学品检测才能检出，危害极大。在服装生产过程中使用这些有毒化学物质，给服装厂的工人带来了极大的风险，而其对环境的影响也很严重。GB18401-2010《国家纺织产品基本安全技术规范》纺织产品中禁用可分解芳香胺染料，其中红色种类的偶氮染料最多。

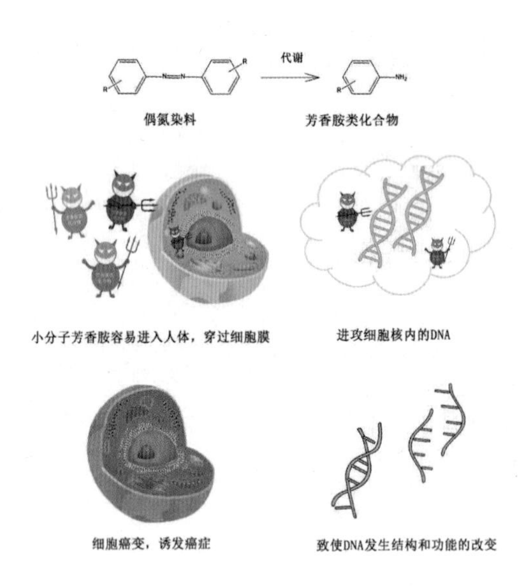

图 7.3　芳香胺偶氮染料致癌示意图

其实，从上面的分析可以看出我们并非要抵制偶氮染料，而是要避免可分解芳香胺染料的危害。所以购买服装需要通过正规渠道，不能贪图便宜而买偶氮染料超标的服装，对自己的健康造成伤害。同时，生产厂商也应禁止使用能释放有害物质的偶氮染料。

主题八

小电池大学问

——电动自行车和汽车用电池里的化学及挑战

移动小家电如扫地机器人、手机和电动交通工具如电动自行车、汽车等都是靠电池的能量驱动的。小小的电池却蕴含着许多深奥的化学知识，集成了多种高新科学技术。种类纷繁的市售电池产品，如何“对症”选择使用？废旧电池又怎样处置？掌握哪些化学知识就可以速成“电池小行家”？

电池是一种把化学能转变为电能的装置。意大利物理学家伏特（Alessandro Volta，1745~1827），1800年首先发明锌银电池。锌银电池正极为氧化银（Ag_2O），负极为锌（Zn），电解液为氢氧化钾（KOH）。

一次银锌电池放电反应机理

正极（氧化剂，还原反应）：$Ag_2O + H_2O + 2e \longrightarrow Ag + 2OH^-$

负极（还原剂，氧化反应）：$Zn + 2OH^- \longrightarrow ZnO + H_2O + 2e$

08/01

普通日用电池知多少?

常见的市售电池产品有：碱性锌锰电池（Zn/MnO_2）、铅酸电池（Pb/PbO_2）、银锌电池（Zn/AgO）、镍氢（镍镉、镍锌等）电池、锂电池等。

产品的外观有：圆筒、方（扁）、块状型及电池组等。圆筒型电池设计能承受较大的负载电流，即可用功率高，常作动力电池。方（扁）和块状型电池设计有利于使用状态下散热。电池组是多个单电池的串联或并联组合，可以满足高功率或高电压需求。

衡量电池质量优劣的主要技术指标（表 8.1）：电容量（使用寿命）、工作电压（负荷能力）、自放电（储存寿命）、使用环境的适用性等。

使用电池的安全性主要考虑使用、储存、废旧电池环保处置等环节。

电池的经济性主要从使用、环保处置的性价比、一次和反复使用（二次）的性价比等方面来考虑。

碱性（锌锰）电池、银锌电池、镍镉和镍锌等电池主要为一次电池；铅酸电池主要为二次（充电）电池；锂电池和镍氢电池既有一次电池，又有二次电池产品。银锌电池和镍镉电池也有二次电池产品。

原电池正负电极间的电势（或电位）差，称该电池的电动势（常作电池开路电压的参考），并用符号 E 表示；如果是标准状态下，又称标准电动势，用符号 E_0 表示。

$$E = E_{正} - E_{负}$$

表 8.1 单电池的主要技术指标

电池		理论电容量 / mAh g^{-1}	开路电压 / V	工作电压 /V	自放电 /%/ 年
碱性锌锰	Zn/MnO_2	224	1.6	1 ~1.5	5 ~ 10
银锌	Zn/Ag_2O	180	1.6	1.5/0.2 C	5
镍镉	Cd/NiOOH	181	1.4	1 ~1.5	30（月）
镍氢	H_2/NiOOH	289	1.5	1 ~1.5	40（周）
铅酸	Pb/PbO_2	120	2.1	1.2 ~1.5	<5
锂锰	Li/MnO_2	319	3.5	2 ~ 3	<5
锂亚硫酰氯	$Li/SOCl_2$	451	3.6 ~ 3.9	2 ~ 3.9	<5
锂 / 钴酸锂离子	$Li/LiCoO_2$	274	3.2 ~ 3.6	2 ~ 4.5	<5
锂 / 磷酸铁锂离子	$Li/LiFePO_4$	170	3 ~ 3.2	2 ~ 4	<5
钴酸锂锂离子	$Li_xC/LiCoO_2$	274	2.5 ~ 3	2 ~ 4.5	<5
磷酸铁锂锂离子	$Li_xC/LiFePO_4$	170	2.5 ~ 3	2 ~ 4	<5

8.1.1 认识电池

电池是一类特殊的氧化还原反应装置。特殊的地方在于氧化剂和还原剂在电解液中接触，但反应极慢，电子的得失转移必须通过外电路实现（图 8.1）。

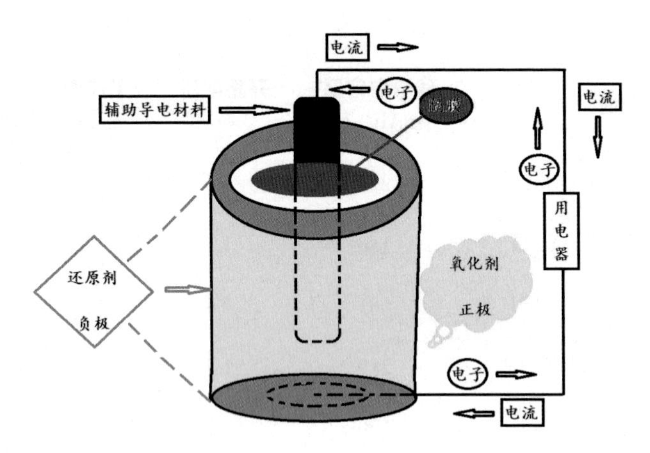

图 8.1　电池反应装置和工作原理示意图

电池放电后，大多数氧化剂和还原剂都发生了不可逆反应，即氧化剂和还原剂不能通过反向充电获得再生。这类电池称为一次电池或不可充电电池。如果氧化剂和还原剂能通过反向充电获得可逆程度高的再生，这类电池称为二次电池或可充电电池。电池即使放完电后，其中的化学产物仍然具有较高的反应活性，属于危险废弃物，应按环保要求处置。

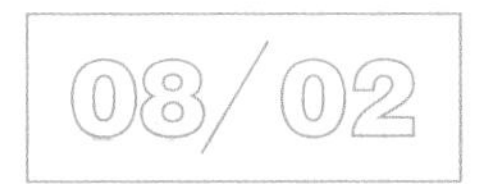

电动自行车和汽车用电池的化学知识及挑战

8.2.1 铅酸电池为什么还老当益壮?

1859 年法国 R. G. Plante 发明了铅酸蓄电池，至今已发展了近 160 年。市售铅蓄电池产品规格型号很多，占有世界电池市场总额50%以上；充电（二次）电池市场占有率 70% 以上。用于生产制造铅蓄电池的铅，占世界上铅总产量的 80% 以上。铅酸电池的负电极是金属铅板，正极为 PbO_2，电解液为稀硫酸。

一个单格铅酸电池的标称电压是 2.0 V，能放电到 1.5 V，充电到 2.4 V。标称 12 V 的铅酸电池为 6 个单格铅酸电池串联起来的电池，也有标称 24 V、36 V、48 V 等的铅酸电池组，其充放电寿命达 300 次以上。铅酸电池组广泛应用在交通、通信、电力、军事、航海、航空等众多领域，如① 启动车辆用；② 动力牵引用；③ 矿灯照明用；④ 其他类，如小型电动工具等。

铅酸二次电池反应机理

$$\underset{\text{正极}}{PbO_2} + \underset{\text{负极}}{Pb} + H_2SO_4 \underset{\text{放电}}{\overset{\text{充电}}{\rightleftharpoons}} 2\,PbSO_4 + H_2O$$

铅酸蓄电池仍有较强的市场竞争力是因为：① 便宜；② 性能稳定、可靠、耐用（自放电小，采用了有抗腐蚀结构的铅钙合金栏板，铅酸蓄电池可使用 10 ~ 15 年）；③ 相关产业链完备；④ 创新研究成果不断进步。例如电极板材料成分的改进，不但降低了危害，还提升了性能；电极板表面材料的修饰所产生的超级电容，增强了电池的瞬间功率（或爆发力），缩短了充放时间。铅酸蓄电池突出缺点是：① 笨重；② 环境污染严重。

8.2.2 站在风口的锂离子电池

2019 年 10 月 9 日，瑞典皇家科学院将 2019 年诺贝尔化学奖授予英国化学家约翰·古德伊纳夫（John B Goodenough）、美国化学家斯坦利·惠廷厄姆（M Stanley Whittinghan）和日本化学家吉野彰（Akiro Yoshino），以表彰其在锂电池发展上所做的贡献，特别是在“锂离子电池”领域的突出贡献。从 1980 年首篇锂离子电池（$Li/LiCoO_2$）研究论文发表到现在大规模商业化应用，仅用了 40 年。由于金属锂为强还原剂，属易制爆化学品，早期用它做负极的商用电池，滥用时易产生爆炸。改用石墨或焦油碳材料做负极后，锂离子电池的安全性有了极大提高。

二次锂离子电池反应机理

$$\underset{\text{正极}}{LiCoO_2} + \underset{\text{负极}}{C} \underset{\text{放电}}{\overset{\text{充电}}{\rightleftharpoons}} Li_{1-x}CoO_2 + Li_xC$$

锂离子电池的工作原理如下图 8.2。锂离子电池与传统充电电池的区别有：① 通过锂离子在正、负极材料中的嵌入和脱嵌，实现电荷的转移和传递；② 对正、负极材料中的层状结构和空间要求很苛刻，仅能选择性地允许锂离子宿居和进出；③ 非水电解液。大规模商业化应用带来了全产业链

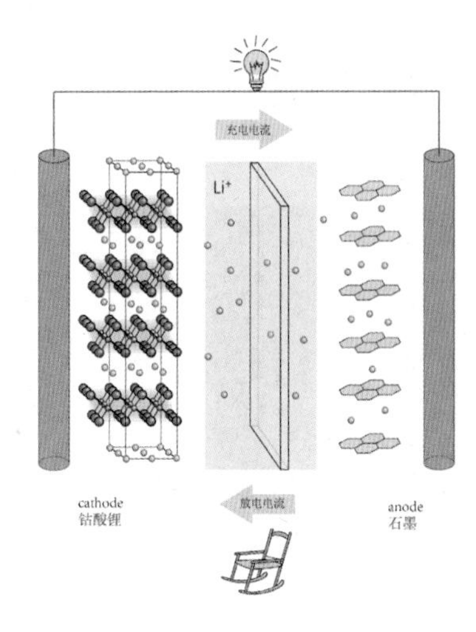

图 8.2 锂离子电池的工作原理

的蓬勃发展，锂离子电池站在了高科技产业的风口。其他商用正极材料还有：镍酸锂（$LiNiO_2$）、三元材料（$LiCo_{(1-x-y)}Ni_xMn_yO_2$）、锰尖晶石（$LiMn_2O_4$）、磷酸铁锂（$LiFePO_4$）。磷酸铁锂（$LiFePO_4$）不仅价格相对低，而且更安全环保。负极材料有：偏铁酸锂（LiFeO）、氧化锡（SnO）或二氧化硅（SiO_2）、石墨烯、碳纳米材料等，但这些材料离商业化还有距离。

与铅酸蓄电池相比，锂离子电池优点是轻便、单体电池电容量大、工作电压高、充放电循环寿命长，缺点是价格昂贵、功率低（即爆发力不足）、电解液易燃。

8.2.3 燃料电池能否焕发“第二春”？

1. 认识燃料电池

氢气燃烧生成水，伴随热量的产生而实现对外做功，因此氢气是最清洁的燃料。氢气的燃烧实际上也是氢气与氧气发生氧化还原反应。如果将这一氧化还原反应设计成一次电池，就能使该反应所释放的化学能转变为电能做功，理论上热能利用效率可达 100%。

$$2H_2+O_2=2H_2O$$

若所消耗的氢气和氧气能像机车中的燃料一样随时得到补充，甚至连续不断地由外部输入（图 8.3），而且其他辅助系统组件损耗又非常小的

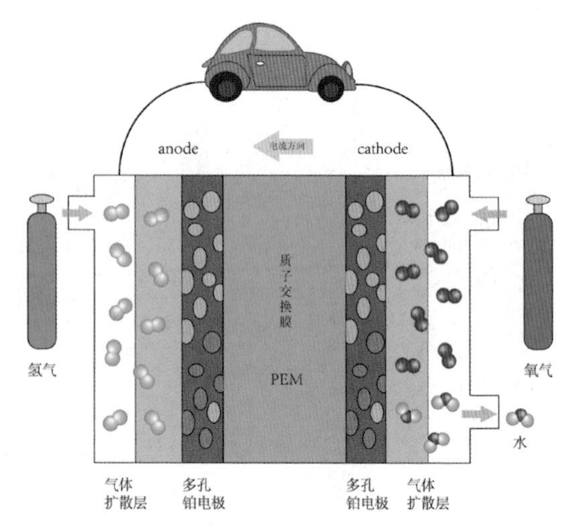

图 8.3 燃料电池工作原理示意图

话，那么这整个运行体系就仿佛是一种仅耗用燃料的电池。1889 年 Mond 和 Langer 首先提出氢 – 氧燃料电池概念，直到 1959 才由 F. T. Bacon 首次制作了有实用意义的氢 – 氧燃料电池。该电池理论电容量为 2 975 mA · h/g，开路电压 0.9 ~ 1.2 V。实际应用中，氧电极常由过氧化氢和金属氧化物组成，而且需使用贵金属铂金作催化剂来实现电池反应。因此电池组价格昂贵；而且自然界没有氢气的矿藏资源，难以大规模推广。

2. 燃料电池发展中的惊天骗局

燃料电池蕴含清洁环保能源概念，但各种违背科学基本常识的新闻屡屡在一些媒体上受热捧，特别是不少单位，指望抢占技术高地，打造领先产业，结果深陷骗局。2019 年 5 月，某汽车集团发布“水氢发动机”，大肆宣传车载水可以实时制取氢气，车辆只需加水即可行驶。由于该公司发布的这一成果受到多方质疑，与资助者的合作难以维继，公司不得不于 2019 年 10 月 21 日宣布破产。该公司玩弄的噱头是：吹嘘用一种特殊催化剂，可以在不加油不充电只加水的状态下，使该“水氢燃料车”续航里程超过 500 公里，轿车续航里程达 1 000 公里。“水氢燃料车”真能实现吗？“催化剂 + 水”能产生氢气吗？

催化剂理论上只改变化学反应速度，不改变反应结果，而且反应前后自身不发生变化。既然"催化剂 + 水"就能产生氢气，何苦非要把生产氢气的化工厂建在空间有限的车上？燃料电池的发展困难可不仅仅是只有燃料一个方面。

3. 燃料电池能否焕发"第二春"？

燃料电池概念的提出至今已有 130 年，推动燃料电池向前发展的研究方向有：① 如何获得大量廉价氢气，如太阳能加热催化剂催化海水分解，产生氢、细菌等微生物分解水；产生氢、石化燃料的副产品加工产生氢等；② 以天然气、甲醇、乙醇、甲烷和其他烷烃等代替氢气作燃料；③ 改用其他资源相对丰富、价格便宜的催化剂如镍等和辅助电极代替 Pt；④ 开发适合不同用途的电解液。这些方向的成果积累，将助力燃料电池焕发"第二春"。

趣味化学小知识

当把金属（M）放入其盐溶液中，一方面金属表面构成晶格的金属离子（M^{n+}）和溶液中极性大的分子相互吸引，有留下电子（e）在电极上，而自身与水结合进入溶液中的倾向。而且 M 越活泼，溶液越稀，这种倾向越大。另一方面盐溶液中 M^{n+} 又有从 M 表面获得 e 而沉积在电极表面的倾向。M 越不活泼，离子浓度越大，这种倾向越大。这种对立的倾向在一定条件下达到平衡，在金属和溶液界面附近，形成类似平行板电容器的带正电的 M^{n+} 和带负电荷的 e 的定向排列，就产生了电位差。这种电位差称金属的电极电势。

$$M \rightleftharpoons M^{n+}_{(aq)} + ne$$

08/03

电池缺点和危害概说

电池中常含有多种危险化学品，接触或摄入危害人体健康，丢弃造成环境污染，滥用造成不良安全后果。

表 8.2　电池缺点和危害概说

电池	安全提示
Zn/MnO_2	KOH 电解液导电速度比氯化铵电解液快，碱性强，易破蚀外壳和渗漏，造成电池周边物污染或腐蚀，甚至造成其他意外后果。漏液电池按有害垃圾处置。个别含汞添加剂品牌更应按规严格处置。
Zn/Ag_2O	KOH 电解液，危害方式如上。
Cd/NiOOH	KOH 电解液，危害方式如上。镉及其化合物对人体健康有危害作用。弃入环境后易通过食物链，危害人类。部分国家开始限制该电池的生产。充放电寿命 1 000 次以上，常温下自放电小。长期浅充浅放电循环后，产生记忆效应，使电池自动锁定前期电容量。
H_2/NiOOH	KOH 电解液，危害方式如上。电池内压高达 3 ~ 40 atm，大容量电池有爆炸的潜在可能性。电池自放电严重。
Pb/PbO_2	电动自行车电瓶在内部短路、过度充电、高温暴晒下充电时易起火自燃；因外力冲击或质量问题，酸性电解液易渗出。Pb 及其化合物对人体健康危害作用大，易在体内集聚。

电池	安全提示
Li/MnO_2	电池中的金属锂属易制爆危险化学品，电池因过充电或短路、高温暴晒、外力冲击等原因，结构破坏变形（内短路），极易爆炸。电池中的非水电解液例如碳酸丙烯酯和二甲醚等极易燃。应避免电池滥用，保持良好的散热条件。
$Li/SOCl_2$	金属锂危害同上。$SOCl_2$ 属于危险化学品，具有强烈的氧化性和腐蚀性，但不能氧化和腐蚀玻璃。$SOCl_2$ 遇水立即分解为 SO_2 和 HCl 气体，伤害眼睛和呼吸道。$SOCl_2$ 用于制造化学武器。
$Li/LiCoO_2$	危害主要是金属锂、碳酸丙烯酯和二甲醚等电解液，同上。应避免电池滥用如短路、过充电、撞击等。
$Li/LiFePO_4$	危害主要是金属锂、碳酸丙烯酯和二甲醚等电解液，同上。应避免电池滥用如短路、过充电、撞击等。
$Li_xC/LiCoO_2$	危害主要是碳酸丙烯酯和二甲醚等电解液。应避免电池滥用如短路和过充电。
$Li_xC/LiFePO_4$	危害主要是碳酸丙烯酯和二甲醚等电解液。应避免电池滥用如短路和过充电。

电池的理论电容量可通过氧化还原反应中转移的电量来计算。

正极反应

$$\mathrm{Ox}(1)+n\mathrm{e} \rightleftharpoons \mathrm{Red}(1)$$

负极反应

$$\mathrm{Red}(2) \rightleftharpoons \mathrm{Ox}(2)+m\mathrm{e}$$

$$C(\text{电容量})=\frac{n(\text{或 }m)\times 96\,500\text{ 库仑或 }26.8\text{ 安时}}{M(\mathrm{Ox1}\text{ 或 }\mathrm{Red\,2})}$$

其中 Ox 和 Red 分别代表氧化物和还原物。电池的功率是指单位时间内所输出的能量。商品中多采用质量或体积比功率标称。

$$\underset{\text{（瓦/公斤）（瓦/升）}}{\text{比功率}}=\frac{\text{电量（安时，Ah）}\times\text{平均工作电压（伏，V）}}{\text{公斤（kg）或升（L，}dm^3\text{）}}$$

主题九

化学万花筒

生活中处处有化学，安全健康的生活离不开化学，通过万花筒展现化学世界的色彩斑斓。

火锅店里的安全问题

火锅店着火或爆炸的新闻年年有，其中很多是因为燃料的不规范使用。火锅通常以炭、酒精、燃气等为燃料，更换时若有零星火星，可能大面积引燃新加燃料而引发事故，体积较大的燃气炉甚至会引起爆炸。无论使用何种燃料，必须先彻底灭火，确认火星全部熄灭再添加或更换，并确认新加燃料安放方式和位置正确后，方可重新点火。使用电磁炉的火锅店可规避此类事故，其关注的重点在于用电安全。在火锅店享受美食的同时，一定得留意店员使用燃料的操作是否规范，以免引火上身哦！！

图 9.1　漫画：换燃料的步骤

09/02

防火好帮手——阻燃材料

电影《墨攻》展现了古代中国使用阻燃材料的一幕，在战场上用最原始的有机、无机磷氮型复合物（粪便）涂抹于城墙和民居上，实现防火效果。古代西方则用明矾、黏土等作为防火阻燃材料。

现代生活中更是衣食住行都能看见它的身影，其在防火阻燃方面发挥大用途。纺织品经过阻燃处理，食品包装材料添加了阻燃成分，家具、地板、外墙涂料含有阻燃成分，手机的外壳上涂有阻燃剂，汽车内饰与座椅使用阻燃材质，等等。

阻燃材料原理多种多样，有吸热冷却的，有产生不可燃气体稀释空气的，有熔融成膜隔热隔氧的，还有消除自由基阻断链式燃烧反应的。不管哪种方式都能延缓火势，争取逃生和施救时间，降低人身和财产损失。

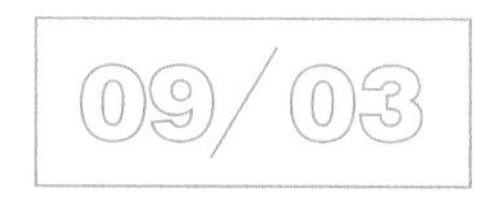

面粉会爆炸吗?

电视剧《伪装者》里阿诚在面粉厂引爆的画面极其震撼，他没有用汽油和炸药，只是划破了几袋面粉挥洒在空中，把点燃的打火机扔过去，整个面粉厂就炸了。这并不是戏剧化的演绎，是一种“粉尘爆炸”。

粉尘爆炸是当粉尘扬洒在空气中达到一定的浓度时，遇到明火，会迅速燃烧甚至爆炸，爆炸产生的气流还会扬起沉积的粉尘，引发二次甚至是多次爆炸。易爆粉尘类型众多，包括粮食粉、木粉、饲料粉、金属研磨粉、煤炭粉、燃料粉等。2014 年 8 月昆山工厂爆炸造成 97 人死亡、163 人受伤的重大事故，就是由于该工厂抛光车间里的铝粉引爆所致。在新闻中我们还见到小吃店面粉爆炸、“彩虹趴”玉米粉爆炸、矿山粉尘爆炸等等，粉尘爆炸的威力强大，危害性极强。

因此，在粉尘作业的场合，应尽量避免在密闭空间，注意控制粉尘浓度，防止弥散达到爆炸浓度，同时坚决杜绝出现明火、高温等引燃因素，强烈的震动、摩擦以及静电都可能产生电火花，也必须严加防范。在家中使用米粉、面粉时，谨记避免扬洒、远离火源。

09/04

铅笔芯会铅中毒，这是真的吗?

铅笔芯虽然有“铅”字，但实际和重金属铅没有关系，它的主要成分是石墨，因此不会引起铅中毒。石墨和黏土按照一定的比例混合制成铅笔芯，铅笔上的B，代表石墨的含量，表示铅笔芯的软硬度和字迹的深浅，前面的数值越大，质地越软颜色越深。H代表黏土的含量，表示铅笔芯的硬度，H前的数字越大铅笔的硬度越高。

趣味化学小知识

铅中毒

人体可以通过呼吸道、消化道、皮肤吸收铅及其化合物，引起铅中毒。铅中毒会对人体造血、神经、消化、肾脏、心血管、生殖系统等产生损害，儿童和孕妇尤其容易受铅的影响，铅中毒使儿童的智力、学习能力、感知理解能力下降。通过测量血液和尿液中的铅含量来判断是否铅中毒。

在生活中如何避免铅中毒？① 不要食用某些含有铅成分的中药和食物，如黑锡丹、红丹、皮蛋等等。② 某些餐具、酒具，如锡器盘、锡壶、彩釉陶器等，含有的铅成分会通过食物进入消化道被人体吸收。③ 汽油中添加的四乙基铅导致的污染大气，会通过呼吸道进入人体，因此要大力提倡无铅化汽油。④ 蓄电池制造、铅矿开采及冶炼、其他铅作业工厂导致的环境铅污染，会致使慢性铅中毒，环境污染治理非常重要。

蓝光眼镜为什么可以防蓝光？

蓝光危害指波长处于380~500nm（高危蓝光415~455nm）的可见光照射后，引起光化学作用导致视网膜损伤的现象。蓝光能够穿透晶状体直达视网膜，导致部分细胞受损，进而引发黄斑区病变，甚至失明。但蓝光并非完全有害，它对色觉感受、生物钟的调节具有重要作用。随着LED灯及智能手机、电脑等3C电子产品空前普及，人们受到比以往更多的蓝光辐射。防蓝光眼镜阻止高能有害的蓝光通过，高效透过有益蓝光。防蓝光眼镜是通过特殊材料（纳米防蓝光光学树脂最佳）的镜片阻隔，反射高能短波蓝光。防蓝光的眼镜镜片发黄，可以阻止蓝光透过。蓝光镜片分为镀膜和染色式，染色镜片可直接吸收蓝光，依染色深浅可防止60%~70%蓝光；镀膜镜片外观是透明的，通过反射阻隔蓝光，可防10%~12%。未来随着人们护眼意识及护眼需求不断提高，对防蓝光产品的性能将会提出更高要求。

09/06

暖心暖体的暖宝宝

暖宝宝由铁粉、活性炭、蛭石（铁镁质铝硅酸盐）、水、无机盐等材料构成。多种化学成分混合在一起发生放热的氧化还原反应，其本质是铁在潮湿空气中的氧化生锈过程。生活中的生锈过程太缓慢，感受不到放热。暖宝宝则利用原电池加快反应速度，其中铁粉、活性炭、水、盐，加上空气中的氧气一起构成原电池。蛭石粉有细小的空气隔层，作用是保温。

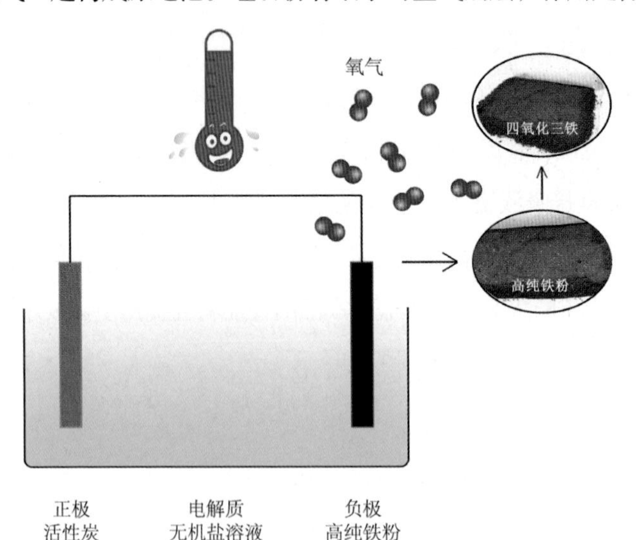

图 9.2　暖宝宝里的化学反应

暖宝宝接触空气即开始发热，因此外层有明胶材质密封层，保证启用前化学反应不会开始，如果密封层破损将导致提前失效。若使用暖宝宝的部位衣服鞋帽密封性太好，易导致局部过热和低温烫伤。婴幼儿皮肤敏感易烫伤，不宜使用暖宝宝。

09/07

生物体的化学反应——发酵

泡菜、火腿、臭豆腐、酸奶、酵素、醋、美酒、咖啡这些看起来毫不搭界的东西，有什么共同点呢？它们都是经发酵加工而成的食品。在密闭缺氧的环境中，微生物所含的酶，可将原料中的淀粉、蛋白质、脂肪等大分子转化为酒精、二氧化碳、氨基酸、维生素、酸类以及酚类等各种小分子，造就了发酵食品丰富的香气和味道。

发酵过程的控制很讲究，包括容器提前灭菌、环境温湿度适宜、发酵开始和结束的时机等，把握不当易导致成品不理想，甚至引入有害菌威胁健康。在家自制发酵食品需要丰富的经验和规范的操作，条件无法满足时不妨选择购买有资质的产品。

09/08

处方药与养生保健产品区别在哪儿？

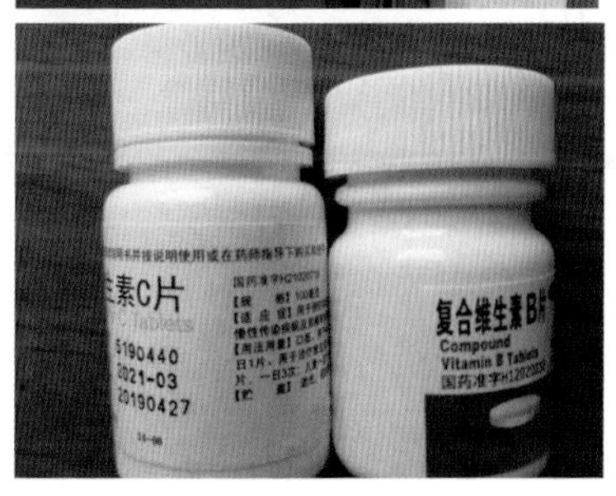

图 9.3 处方药与养生保健产品外包装标注差别

处方药（前者）与养生保健产品（后者）区别有：① 前者产品外包装会标注“国药准字 + 分类字母和数字”。H、Z、S、J、B、F 分别代表化学药品、中成药、生物制品、进口药品国内分包装、具有辅助治疗作用的药品、药用辅料。后者外包装标注的是“国食健字 G（国产）或 J（进口）”或“卫食健字”。② 前者是有规定的适应症或者功能主治、用法用量的产品。而后者只有适用人群，没有适应症和功能主治。③ 前者是用于预防、治疗、诊断人的疾病。而后者不以治疗疾病为目的。④ 前者允许有一定的副作用，而后者对人体不产生任何急性、亚急性或慢性危害。⑤ 前者可肌肉注射、静脉注射、皮肤给药、腔道给药、口服给药。而后者经口服，以肠道吸收为主。

身患慢性疾病的中老年群体，总是期盼奇迹的出现，特别相信某些超自然的力量，可以扭转乾坤，化腐朽为神奇；往往会对医生所开的处方药的疗效产生怀疑，转而求助能“延年益寿、包治百病”的神奇补品以及“民间偏方”和“祖传秘方”。对这些没有经过临床医学检验、不清楚毒副作用甚至都未获得保健品的批号的产品，切不可轻信其效果。

地铁进站和飞机登机安全检查哪些危险物品？

地铁进站和飞机登机安全检查主要针对：① 管制刀具、枪支、军用或警用械具。② 活物。③ 公安管制的 7 类危险化学品。常见的易燃易爆物品：烟花爆竹、氢气、液化石油气、氧气、汽油、煤油、柴油、苯、酒精、油漆、松香油、固体酒精、香蕉水等。腐蚀性的物品：浓硫酸。④其他违禁危险品。

面对可疑的液体，安检人员会让携带者喝一口。飞机安检比地铁更严格。对禁带的菜刀、酒类、液体饮料、化妆品等会要求托运；限制物品如充电宝等电子设备会要求随身携带并关闭。

图 9.4　地铁进站和飞机登机安全检查

交通工具的动力来源——汽油、煤油、柴油

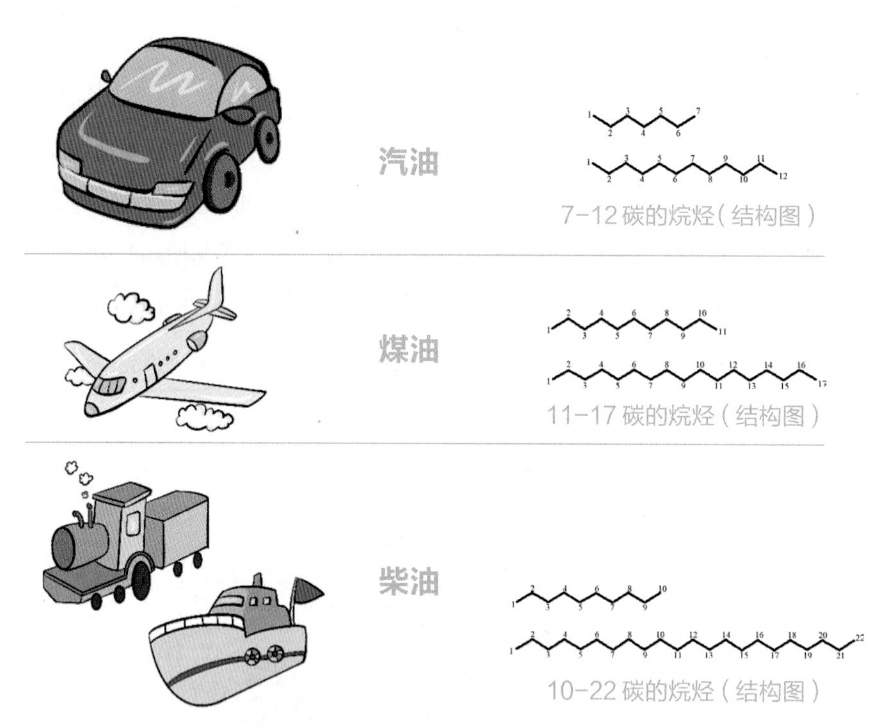

图 9.5　交通工具的燃料

交通工具动力来自石油化工产业的汽油、煤油和柴油，同为烷烃类燃料，即碳原子连成链，链上填充氢原子。碳原子形成的链越长，越不易挥发。因此汽油最易挥发，柴油则最稳定。

汽油最容易与空气均匀混合，瞬间燃烧并爆发出能量。汽油发动机轻巧、响应速度快，适合家用汽车。

柴油最不易与空气均匀混合，不易点燃。但同样体积的柴油燃烧能提供的能量更高，因此柴油发动机相对省油且动力足，适合大功率车辆和机械。

煤油的性质介于汽油和柴油。比汽油更不易挥发，安全的同时也适合飞机长距离续航。又不像柴油那么难以点燃，完美匹配飞机常用的涡轮式发动机。

主题十

化学（品），你好！

——危险化学品及安全知识介绍

目前发现的化学元素共118种，其中通过核反应人工合成的元素23种。由一种元素组成的物质称单质，例如金、银及汞等。由多种元素组成的物质称化合物，例如：氯化钠（NaCl）和水（H_2O）。混合物是指多种物质（单质或化合物）的集合体，例如盐水就是水和盐这两种化合物组成的混合物。化学品是指各种元素组成的单质、化合物及其混合物的总称，既有天然的、也有人造的。美国化学文摘中收集了全世界已有的700万种化学品的信息，其中已作为商品上市的有10万余种，常用的有7万多种，每年全世界新出现的化学品有1 000多种。

什么是危险化学品？

在地铁进站和飞机安检时，严禁携带的易燃易爆物品，如烟花爆竹、氢气、液化石油气、氧气、汽油、煤油、柴油、苯、酒精、油漆、松香油、固体酒精、香蕉水等；还有腐蚀性的物品，如浓硫酸等。这类物质有个专有名词——危险化学品。那么，什么是危险化学品呢？

危险化学品是具有毒害、腐蚀、爆炸、燃烧、助燃等性质，对人体、设施、环境具有危害的剧毒化学品和其他化学品，包括物理危害、健康危害、环境危害三大类共 2 828 个化学品或材料。危险化学品的种类非常多，有些是我们在日常生活中可能接触到的，如煤气或天然气、汽油、酒精（学名乙醇）、甲醛等，更多的时候我们会接触到的是化学品制剂，比如消毒剂、化妆品里含有多种危害化学品。

危险化学品既有危险性又有毒害性，为什么我们还允许它的存在呢？从前面的介绍大家可以了解到，它像是一把利器，用得好可以发挥巨大作用，一旦失控，后患无穷。

危险化学品的益或害，取决于使用剂量和方式或目的。硝酸铵（NH_4NO_3）属于民用爆炸品和特殊管控的 20 个危险化学品之一。但它也是含氮量仅次于尿素的氮肥。$KMnO_4$ 既是易制爆，又是易制毒管控化学品，但少量用于杀菌和消毒，个人可以购买。杜冷丁，俗称鸦片，化学名盐酸哌替啶，是通过罂粟人工合成的镇痛、镇静药物。杜冷丁属于精神类公安管控化学品，但在医务人员特别严格管理下，可以用于治疗创伤、烧伤、烫伤、术后的镇痛，和心肌梗塞引起严重心绞痛的止痛及狂躁患者的镇静。

趣味化学小知识

人类生活从来就没有离开过化学品，我们生活在一个充斥着化学品的世界里。但是现代环保运动的兴起及化学性伤害事故的频发，使人们陷入化学恐惧的阴影中，简直是谈“化学”色变，甚止喊出了“我们恨化学”的口号。“反化学运动”的极端理念认为：所有的人造化学物质都是污染环境的和有害的。其实天然品与合成化学品之间的区别是模糊的，一种化合物不会因为是合成产品而比天然的更具有危害性。实际上，“自然界”的产品通常比人们创造和生产的东西成分更为复杂，潜在的危害也可能更大，例如从蜂蜜中生长的细菌产生的肉毒杆菌的毒性超过铅的 13 亿倍。化学品是有益的还是有害的？取决于剂量和使用方式，例如让人们生畏的甲醛，在健康人体中百万分之二以下的浓度反而会对 DNA 的生产中起有效作用。

归根结底，“化学恐惧症”是源于对化学的无知，只有了解和掌握相关知识并科学合规地运用，才能让人们真正释然，健康地生活在化学构成的世界里。

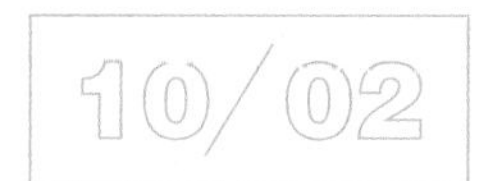

危险化学品的标志

当看到高速公路上的槽罐车上、厂区的储罐上贴有这些标志（图10.1），你要切记远离！远离！远离！

图 10.1　危险货物的主标识

10/03

什么是管控化学品?

危险化学品的生产、销售、购买、运输、存储及相关建设项目实施审批和许可证管理，没有许可证的单位、个人，不得买卖、持有危险化学品。你在万能的淘宝上购买化学品，可能就构成了违法行为哦!

公安治安执法部门针对剧毒化学品、易制爆危险化学品、易制毒化学品、麻醉药品和精神药品、民用爆炸物品五类危险化学品制定了专项治安管理条例。以上五类受公安部门执法管理，违规购买和使用这些危险化学品，属于违法行为，会受到公安部门的处罚。公安和缉毒机构执法管理其中易制毒、麻醉和精神药品等三个分类（图 10.2）。

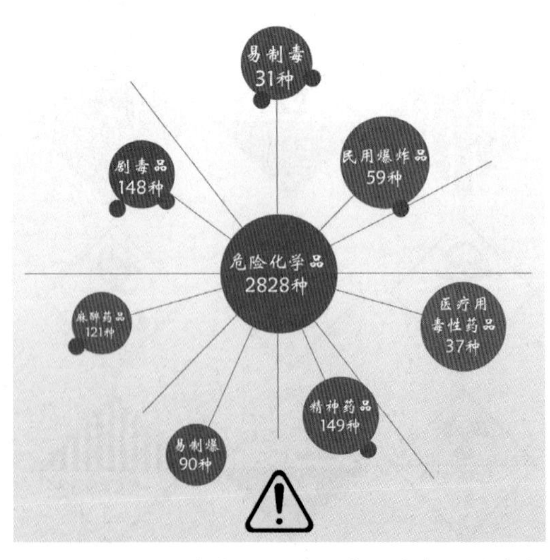

图 10.2　2 828 个危险化学品中公安部门治安和缉毒机构执法管理其中 7 个分类

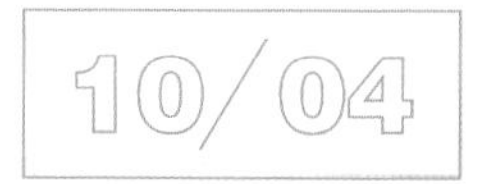

拥抱化学知识，降魔伏妖，造福人类

化学与其他自然科学一样，目的是认识自然和改造自然，造福人类。某些化学产品的危害面，造成了人们惧怕的心理，甚至“妖魔化”与化学相关的一切。拥抱化学知识，可以驾驭危险的“妖魔”化学品，并驱之为“天使”。

10.4.1 认识 pH

$pH=-\log[H^+]$。水溶液中，$[H^+]\times[OH^-]=10^{-14}$。$pH<7$ 呈酸性；$pH>7$ 呈碱性；$pH=7$ 呈中，$[H^+]=[OH^-]=10^{-7}$。物质在不同 pH 环境中，物理和化学性会发生很大的改变或变化，危险化学品也不例外。这就使人们可以通过控制 pH 来驾驭危险化学品。纯净的水和氯化钠水溶液（食盐主要化学成份）pH 为 7，呈中性。碳酸氢钠（小苏打主要化学成分）作为食用

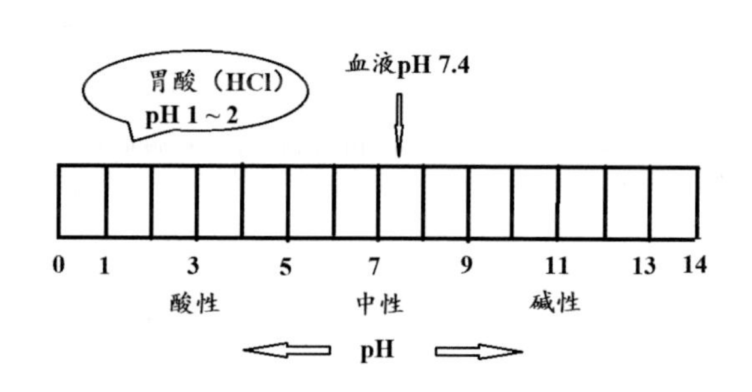

图 10.3 认识 pH 代表的化学性质及人体液的 pH

碱显弱碱性，常用于使所蒸馒头和包子蓬松变大及所煮稀饭变浓稠。

$$2NaHCO_3 \xlongequal{\triangle} Na_2CO_3+CO_2+H_2O$$

苏打水（主要化学成分 Na_2CO_3）pH 为 7.5 ~ 8.5，属弱碱性；柠檬汁的 pH 在 1 ~ 2.5，属强酸性。

10.4.2 认识氧化还原性

在化学反应中获得电子的物质称氧化剂，失去电子的物质称还原剂。有电子转移的化学反应称氧化还原反应。强氧化剂在化学反应中获得电子的能力强，强还原剂在化学反应中失去电子的能力强。这两类物质分别具有氧化性和还原性，化学反应能力强，不稳定，常常引发燃烧和爆炸的剧烈化学反应。许多强氧化剂（高锰酸钾、次氯酸钠、氯气等）和强还原剂（金属锂、钠、钾等）均是危险化学品。

公安管控的民用爆炸品化学物质：雷酸汞 $Hg(CNO)_2$、硝化甘油炸药、2，4，6– 三硝基甲苯（TNT，梯恩梯）、环三亚甲基三硝胺（RDX，工业黑索今）、2，4，6– 三硝基苯酚（苦味酸）、季戊四醇四硝酸酯（PETN，太安）、硝酸铵等，发生氧化还原反应时，会快速释放巨大的能量并产生大量的气体，导致爆炸。

“驾驭”氧化还原反应也可以服务人类，例如强氧化剂常用来杀菌、灭虫和消毒，利用氧化还原反应可设计制造电池等。

10.4.3 认识燃烧和灭火

燃烧是一种化学现象，是可燃物与氧化剂发生剧烈氧化还原反应，同时

图 10.4　家庭灭火器：高效多功能 ABC 干粉（左）；简易水基型 ABCE（右）

放出热和光的现象。燃烧必须同时具备三个条件：可燃物、氧化剂、点火源。因此，消除燃烧的条件，就是灭火的原理：① 隔绝助燃的氧气或空气等氧化剂；② 降低可燃物的温度；③ 疏散隔离可燃物；④ 化学抑制法灭火。

配备干粉灭火器和液体灭火器可用于家庭灭火（图 10.4）。只有说明书上涵盖“灭 E 类火”的灭火器才能用于灭电起火。电起火时，切断电源后，灭火器可用于家庭灭火。

10/05

容易被忽视的常见危险化学品有哪些？

10.5.1 可燃物

按闪点温度分为：极易燃、高度易燃、易燃、可燃四种。

极易燃：甲烷、乙烷、丙烷、丁烷、环氧乙烷、苯、甲苯、乙烯、丙烯、乙炔、甲醚、乙醚、甲基叔丁基醚、丙酮、乙酸乙酯、乙酸乙烯酯、一甲胺、二甲胺、乙醛、二硫化碳、硫化氢。

高度易燃：甲醇、乙醇、邻二甲苯。

易燃：间二甲苯、对二甲苯、苯乙烯。

可燃：汽油、煤油、甲醛、氢气。

10.5.2 常见的高毒性化学品

高毒性化学品的致死中量略高于剧毒化学品。

（1）氰化钙、氰化汞、硝酸汞、溴化汞、碘化汞、二乙基汞、四乙基铅、四乙基锡、重铬酸钠（红矾钠）、一氧化二铊、三氧化二铊、乙酸亚铊（乙酸铊/醋酸铊）、丙二酸亚铊、五氧化二钒、氧氯化磷（三氯氧磷/三氯氧化磷/氯化磷酰/磷酰氯/三氯化磷酰/磷酰三氯）、硼烷（十硼烷/十硼氢）、无水肼（无水联胺）、碘甲烷（甲基碘）、二噁英、敌敌畏、硫酸二甲酯（硫酸甲酯）、花青甙（矢车菊甙）、甲藻毒素二盐酸盐（石房蛤毒素盐酸盐）。

（2） 汞、铅、镉、砷及其化合物，例如朱砂（丹砂、辰砂），雄黄（鸡冠石），雌黄。不法商家为追求美容效果，常在祛斑、美白的化妆品中非法添加含量超标的汞。

（3） 杀虫害的农药及园艺养护药剂。148 个剧毒化学品中包含 21 个以上农药产品，如灭鼠和灭虫（图 10.5）。

图 10.5 鼠虫对话

10.5.3 常见的麻醉药品

大麻和大麻树脂与大麻浸膏和酊、古柯叶、可卡因、罂粟浓缩物、罂粟壳、芬太尼、海洛因、吗啡、可待因等。

常见的精神药品：苯丙胺（摇头丸）、甲基苯丙胺（冰毒）、巴比妥、苯巴比妥、甲苯巴比妥、咖啡因等。麻醉药品和精神药品常用于医疗中做镇静和催眠药物。咖啡饮品中含有咖啡因。巴比妥类药物为有机氯农药硫丹的特效解毒剂。

2020 年 6 月 2 日，应急管理部办公厅等发布特殊管控化学品 20 个。其中包括：

① 爆炸性化学品（4 个）：硝酸铵、硝化棉（硝化纤维）、氯酸钾、氯酸钠。

② 有毒化学品（6 个）：氯（液氯，氯气）☆、氨（液氨，氨气）、异氰酸甲酯（甲基异氰酸甲酯）☆、硫酸二甲酯（硫酸甲酯）◇、氰化钾（山奈钾）☆、氰化钠（山奈、山奈钠）☆。注：☆剧毒，◇ 2015 年前剧毒。

③ 易燃气体（5 个）：液化石油气、液化天然气、环氧乙烷、氯乙烯、二甲醚。

④ 易燃液体（5 个）：汽油（包括甲醇汽油和乙醇汽油）、1，2- 环氧乙烷（氧化丙烯）、二硫化碳、甲醇、乙醇。

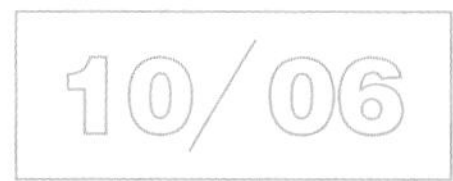

报火警，你会吗？

图 10.6　如何报火警

① 牢记火警电话 119。② 明确告知着火地点，说清楚街道、门牌号等信息以及报警人电话。③ 如果着火位置较为难找，应告知一明显的地标，安排人员在地标处等待和引导消防车。

民事纠纷或刑事案件报警拨打 110；病情急救拨打 120；野外无法用通讯求助，欲借助空中救助时拼出 SOS 发出求救信号。无故拨打这些电话，恶意占用公共资源，将会受到处罚。

10/07

认识灭火器及灭火小常识

消防根据燃烧物的特性，把所引起的火灾分为六类：A、B、C、D、E、F。普通家居除D类火灾外，其余五种均可能出现。

表 10.1　火灾分类

类别	特点	实例
A	固体物质火灾	木材、煤、棉、毛、麻、纸张
B	液体或可熔化的固体物质	汽油、煤油、柴油、原油，甲醇、乙醇、沥青、石蜡
C	气体	煤气、天然气、甲烷、氢气等火灾
D	活泼金属	锂、钠、钾
E	带电物体	接线板、电器、电路
F	烹饪物	动植物油脂

目前没有可以同时能灭这六类火灾的“万能”灭火器。水是常见的灭火剂，可以用来扑灭A和C类火灾；若用于扑救B和F类火灾，易使火灾扩散；不能用于扑救未切断电源的E类火灾，易导致触电。

灭火器上通常印有适合灭火的类型。市售灭火器主要有泡沫灭火器、干粉灭火器、液体（灭火材料为碳氢表面活性剂、氟碳表面活性剂、阻燃剂和助剂）或称水基（水雾）型灭火器、气体（CO_2或惰性气体）灭火器等四类。泡沫灭火器含水，因此不能用于扑救不适合水的火灾，而且使用操作相对复杂，适合灭 A 和部分 B 类火灾，但不能扑救 B 类火灾中的水溶性可燃、易燃液体的火灾，如醇、酯、醚、酮等物质火灾；也不能扑救带电设备及 C 类和 D 类火灾。干粉灭火器可灭 A、B、C、E 四类火灾。液体或水基型可灭 A、B、C、E、F 五类火灾。将水基型灭火器的药剂喷在身上和头上还可以用于火灾现场的自救逃生，免受火焰伤害。CO_2 或惰性气体灭火器可灭 A、B、C、E、F 五类初期火灾。

小范围的失火（F类）也可用灭火毯和砂子（干沙）、干石粉等覆盖灭火。

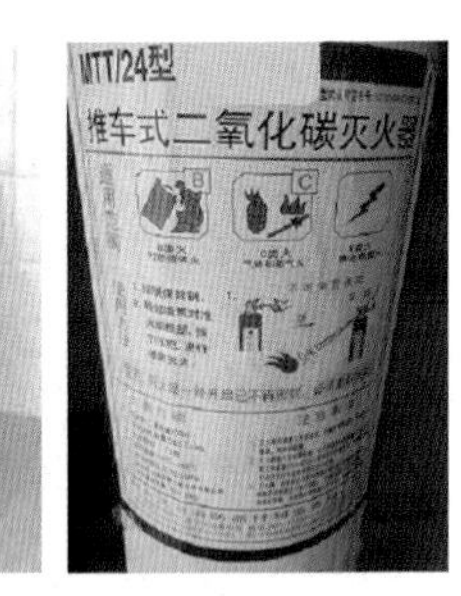

手提式干粉ABC灭火器　　推车式BCE二氧化碳灭火器

图 10.7　不同类型灭火器

燃烧火灾的前三分钟的自救控制和扑灭是取得自救成功的最关键期，一旦错失关键期，火灾会快速蔓延，并越来越难控制。在意外失火时，首先保持冷静，预期火势自救可控和能扑灭时，可以根据着火原因采取针对性灭火措施。如果自救失败，应迅速报警，并通知周边人员，及时组织疏散撤离。如有人员被大火围困，应坚持“救人第一”的原则。已被困烈焰肆虐和浓烟堵道的火灾现场一时无法脱身时，应注意：1）防止烟雾中毒和预防窒息，选择有水源，而且后续便于顺门窗、阳台或户外管道设施逃离的远离火灾区的场所暂时安全避难，等待救援或谋划自救；2）不要轻易跳楼；被迫跳楼时，可先向地面抛下一些能起缓冲作用的软物，通过绳索或障碍物缩小跳楼高度和降低着地速度，并保证双脚首先落地。

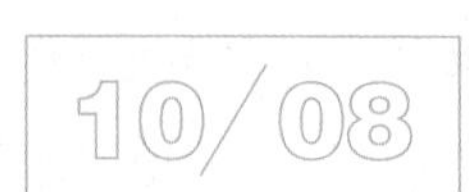

随意丢弃化学品违法吗？

随意丢弃化学品，违反多条环境保护法律和化学品管理条例。例如《中华人民共和国环境保护法》（2015 年 1 月 1 日）第 34、37、48 条涉及处置化学物品应当遵守国家有关规定，防止污染环境。

自 2013 年 12 月 7 日颁布的《危险化学品安全管理条例》，列举了 2 828 个危险化学品，其中包括了 148 个剧毒化学品、90 个易制爆化学品和 31 个易制毒化学品。同时，剧毒、易制爆、易制毒化学品分别还有专门的管理条例，而且新化学物质也有相应的环境管理办法（环境保护部令第 7 号，2010 年 10 月 15 日）。

2005 年 10 月 1 日公布的《废弃危险化学品污染环境防治法》，专门针对废弃危险化学品制定了管理法。

因此随意丢弃化学品违反多项法律和条例。废弃和过期化学品，特别是危险化学品，应交有资质的单位处理。例如，普通居民将废铅酸电池的电极板或电解液卖给无资质的不法商贩囤积，根据情节轻重，同样会受到处罚。

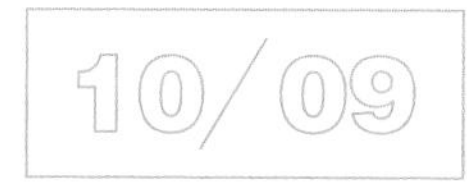

向天津港爆炸援救的消防队员致敬

2015 年 8 月 12 日，天津市滨海新区天津港的瑞海公司危险品仓库发生火灾爆炸，这是一起特别重大生产安全责任事故，遇难 114 人（消防员和警察 60 人），住院治疗 674 人（重症和危重症 56 人），直接经济损失 68.66 亿元。

发生爆炸的仓库内存放着七类危险品，约 40 种。硝酸钾和硝酸钠等易制爆化学品约 1 300 吨，其中金属钠和镁共约 500 吨。民爆化学品硝酸铵约 800 吨，剧毒化学品氰化钠 700 多吨，氢化钠 14 吨。现场多次爆燃，被炸成一个大坑，爆炸波及范围广，并检出液碱、碘化氢、硫氢化钠、硫化钠等 4 种物质。在爆炸点下风向检测出甲苯、三氯甲烷、环氧乙烷等污染物。部分点位检出氰化氢、硫化氢、氨、二硫化碳、挥发性有机物等污染物。

由于仓库内存放的大量化学品，灭火处置方案极为棘手，消防人员面临的危险性极高，为此牺牲了多名消防员和警察。在向天津港爆炸援救的消防队员及其他参与人员致敬的同时，应该在涉及危险化学品经营单位和使用企业及普通民众大力普及相关化学知识，当扑灭和救援涉及化学品的火灾时，更应当摸清状况，科学施救。

10/10

煤气罐失火怎么救，是先关阀门还是先救火？

情形一（普通意外失火，先关后救）：日常生活中，在烹饪时煤气罐意外着火或烹饪引发失火，由于着火时间短，煤气罐体温度低，煤气与空气混合未达到爆炸最低爆炸限，不存在爆炸安全风险，应先关煤气罐阀门，切断维持燃烧的煤气源，用水冷却罐体，再及时组织救火和灭火。

情形二（煤气泄露，火势威猛，先救后关）：煤气的爆炸需同时满足两个条件才会发生：① 煤气与空气的混合比达到爆炸极限；② 有点火源。

当煤气罐泄露，造成罐体周边煤气密布，且已引发附近可燃物燃烧，此时人员无法轻松到达或触及煤气罐体，更无法确认罐体温度高低及煤气与空气混合是否达到爆炸极限，则应先组织疏散和撤离人员救火和灭火，通过喷水降低罐体温度，防止煤气罐爆炸。在火势和人员防护安全可控的情况下，关闭煤气罐阀门，并搬离煤气罐。

氢气（H_2）易燃，在与空气中的氧气（O_2）混合达到一定比例后，遇点火源，例如烛光焰、鞭炮火花或电火花等易爆炸。因此，在有限的密闭空间，例如庆祝生日的餐厅或饭店的包间，在用 H_2 气球娱乐时，如果有较多的 H_2 释放，应注意避免氢气在顶部聚集后引发的燃烧和爆炸的安全风险。

10/11

做好个人防护，确保人身安全

生活中的安全隐患复杂多样，除危险化学品，还有用水和用电危险等。要避免危险化学品的伤害，首先要重视相关知识的学习，其次是做好个人防护，确保人身和财产安全。危险化学品接触和进入人体的主要途经有：① 消化道，通过误食进入消化道而被人体吸收；② 呼吸道，通过鼻腔呼吸进入人体呼吸系统，通过循环系统进入全身，五官通道，如口和鼻；③ 皮肤吸收。面对化学品时，千万不可口尝、鼻闻，因为你无法预知其可能存在的危害，如果实在需要闻一闻，标准动作为：手扇、远距离闻。

小贴士

①口罩可阻挡粉尘类吸入口腔和鼻孔。

②防毒面具能吸附一定量的气体危险化学品。

③不同类型的手套可阻隔大多数危险化学品通过手触及人体。

④水可溶解和稀释较多危险化学品，因此，常洗手是简便和经济实用的个人防护措施。

⑤家庭备用适量的消防器材和医疗应急物质，对确保人身和财产安全有益无害。

⑥干燥、摩擦及电器的金属外壳器件是产生静电的主要来源，保持适当的空气湿度和金属器件外壳接地线，是消除静电危害的重要防护手段。在金属门把手上套上海绵或橡皮或塑料，可避免静电通过触碰门把手释放至人体。干燥的冬天不穿化纤，如锦纶材质的内衣。

消防救援的云梯因场地和设备本身的限制，升展高度经常难以满足所有高楼层住或用户的营救需求，因此在没有建设逃生滑梯的高层建筑内，七层以上的住或用户，应该配备合适的逃生绳和配套的滑杆并在坚固的墙体上安装相应的固定铆钉。

应急药箱（左）和防毒面具（右）

图 10.8　家用防护设备

特色主题　古诗词里的化学

一、炼铜

秋浦歌（其一）

唐代　李白

炉火照天地，红星乱紫烟。

赧郎明月夜，歌曲动寒川。

赏析

炼铜工人在明月之夜，一边唱歌一边劳动，红星四溅，紫烟蒸腾的热闹场景，诗人李白也受到感染。

化学背景

最初炼铜（主要是红铜）是把矿石和木炭放入陶质坩埚，在炭火上或类似陶窑的炉中加热。后发展为冶炼青铜，主要有以下两种方法：

（1）火法炼铜。考古发现，三千年前我国古代劳动人民已用此法炼铜。原材料一般为矿石，以孔雀石（主要成分是碱式碳酸铜，$CuCO_3 \cdot Cu(OH)_2$ 或写 $Cu_2(OH)_2CO_3$）为例，孔雀石与点燃的木炭接触而被分解为氧化铜，继而被还原为金属铜。

化学方程式：$CuCO_3 \cdot Cu(OH)_2+C = 2Cu+2CO_2+H_2O$

（2）水法炼铜。秦汉之际，炼丹师炼丹时发现：铁能够从硫酸溶液中置换出铜。有古书记载："曾青得铁则化为铜"，而"曾青"就指可溶性铜盐，即铜盐遇到铁时，就有铜生成。

化学方程式：$CuSO_4+Fe=FeSO_4+Cu$

二、不翼而飞的珍珠

客 从

唐代　杜甫

客从南溟来，遗我泉客珠。

珠中有隐字，欲辨不成书。

缄之箧笥久，以俟公家须。

开视化为血，哀今征敛无。

赏析

南方来的客人送给杜甫一颗珍珠，珍珠上好像有花纹字迹，他珍藏在箱中。很久之后，开箱寻看，珍珠不翼而飞，只剩下一些红色液体。

化学背景

珍珠是珍珠贝的外层膜中受到刺激后产生的分泌物凝积而成的，它的主要成分是碳酸钙，还有少量的有机质。碳酸钙难溶于水，在酸性条件下能转变为酸式盐而溶解。杜甫住处潮湿，竹箱无防潮性能，遇到水和空气中的二氧化碳气体，珍珠发生化学反应变成了红色液体，杜甫不知这些化学知识，所以感到困惑。

化学方程式：$CaCO_3+CO_2+H_2O=Ca(HCO_3)_2$

三、放爆竹

元　日

宋代　王安石

爆竹声中一岁除，春风送暖入屠苏。

千门万户曈曈日，总把新桃换旧符。

赏析

新年到来之际，家家户户辞旧迎新的热闹景象。“爆竹”，原指古人烧竹子时竹子爆裂发出的响声，用来驱鬼避邪，后来演变成燃放鞭炮。

化学背景

烟花五颜六色非常漂亮，正是因为金属元素的焰色反应。金属或其化合物在火焰中灼烧会有特征颜色，如铜为绿色，钠为黄色，钙为红色，钾为紫色。

传统鞭炮的主要成分是黑火药，其化学成分为硝酸钾、硫磺和木炭，引燃后会发生剧烈的发光发热的化学反应，生成二氧化碳、二氧化硫等气体以及硫化钾等硫化物，主要是：硫与硝酸钾、碳燃烧，生成硫化钾、二氧化碳和氮气

化学方程式：$S+2KNO_3+3C = K_2S+3CO_2\uparrow +N_2\uparrow$

燃放烟花爆竹都是一种年味，但燃烧之后产生的二氧化硫、一氧化碳、二氧化氮等有害气体，对人体健康和大气环境都有不小的危害。爆竹燃烧产生的大量硫化物及氮氧化物在空气中经过复杂的化学反应后与空气中的水分结合，会形成硫酸、硝酸等强酸性物质，落到地面后就会形成可怕的“酸雨”。酸雨有很强的腐蚀性，能导致湖泊酸化，引发生态食物链紊乱，从而破坏生态系统。

四、烧石灰

咏石灰

明代　于谦

千锤万凿出深山，烈火焚烧若等闲。

粉身碎骨浑不怕，要留清白在人间

赏析

这首诗精辟地阐述了生石灰的生产过程，表现了人改造利用自然环境的精神，抒发了诗人不畏艰难、不怕牺牲、刚正不阿的崇高情操。

化学背景

石灰石经千锤万凿后被运出深山，主要成分是碳酸钙，质地坚硬，将石灰石敲碎在石灰窑里烧制成白色的生石灰。

化学方程式：$CaCO_3 = CaO + CO_2\uparrow$

粉身碎骨浑不怕——氧化钙与水反应生成白色的熟石灰。

化学方程式：$CaO + H_2O = Ca(OH)_2$

要留清白在人间——氢氧化钙与空气中的二氧化碳反应生成白色的碳酸钙。

化学方程式：$Ca(OH)_2+CO_2 = Ca(CO)_2\downarrow +H_2O$

古人用诗词为化学反应穿上了文艺的外衣，让我们感受到生活里的化学曼妙。今天，化学在现代技术的推动下，以更加精致的姿态渗透到社会生活的各个角落。小小的分子幻化出大大的世界，科学的化学知识让我们的生活更美好！